U0233143

为了人与书的相遇

便当时间 ①

おべんとうの時間

[日]阿部了 摄
阿部直美 文
王俞惠 译

广西师范大学出版社
·桂林·

SUNTORY
COFFEE
BOSS

目录

序

可以吃的私小说

在阿部夫妇的《便当时间》里，我们看不到任何菜谱，也没有“便当达人”的“精美作品”。虽说是关于便当的采访集，但有几位大叔大妈完全没有提到便当，只是聊了自己的工作、家人和生活。

简单来讲，这本书里所展示的，是平时我们“看不到”的便当。那些上网能搜索出来的、包括我自己晒给大家的便当，多多少少会考虑到“别人的眼光”。其实，大部分日本人的便当很日常也挺简单，有时甚至有点粗糙。毕竟通常情况下，是在早晨的厨房，用昨晚的剩菜匆匆做出一份，递给着急出门赶公交车的家人。工作忙到中午，终于能打开盒盖，默念一句“itadakimasu”，一口一口吃干净。

不知大家有无同感，我在读这本书的时候，稍有窥视的感觉。就像路过别人家的窗口时，看见邻居一改平日西装革履的模样，穿着半旧的T恤，躺在榻榻米上看电视。记得上次与作者夫妇聊天时，阿部先生突然蹦出一句：“你最不想给别人看到的东西，最能表现出你的本性哦。”我琢磨这句话，感觉不无对网络社交时代的尖锐批判：你“愿意”晒给别人看的风景、自拍或便当，未必都是真实的。而阿部先生探访的是，“从没想到会给别人看”的便当，反而更有人生的况味。

阿部太太也说过，时常有人通过先生的官网自荐，邀请夫妇俩拍摄自己的便当，但这样的邀请他们都会果断拒绝。还有一次他们好不容易赶到日本九州，却发现受访者带来的便当层层叠叠，比平时华丽得多。那次虽然还是做了采访，但最后照片和文稿都没有发表。“现在很多人通过网络晒出自己的便当，我们要找的不是这群人。平时对便当没有什么想法，从没想过拿来晒的人，才是我们想拍的。”阿部太太总结道。

一位是敏于观察的摄影师，一位是善于沟通的采访者。这对黄金搭配为我们翻开了日本人的饮食“私小说”。虽然展示的是日本生活，但相信这本书会让你感到亲切。阿部夫妇开车跑遍日本采访，或许只是想告诉大家：“你的普通生活，才是有价值的。”

吉井忍

2016年4月30日于日本茨城

前 言

每次的开启都是一次惊喜。这就是打开便当盖时的感受。

掀开便当盖时，或是拘谨，或是害羞，同时也满是想与他人分享的心情。紧接着，则是随之飘散开来的饭菜香。

至今为止，我有许多外出一游的机会，当然也曾吃过各种便当，有过许多专属于自己的便当时光。

我曾在拜访某位朋友的家时，回忆起某种似曾相识的感受，是种有点像又不太像的家乡味，让我感到新鲜又惊奇。饭菜香、灯光、阶梯上头的足音、远方传来的家人的说话声……朋友轻轻说声“请进”引领我进门。接着，我就像是朝着某个远方、某个异次元世界飞去，带着一颗兴奋而且紧张的心……

距离那样的体验将近四十年后的今日，每每与熟悉的味道、熟悉的便当邂逅，都仍然让我兴奋不已，一颗心扑通扑通跳个不停。

我希望能通过母亲和父亲、妻子和丈夫、孩子、朋友、恋人做的便当，还有吃着这些便当的人，让各位看看人生的各种面貌。

阿部了

1

Tsugio Tsuchiya

1

土屋继雄

群马县吾妻郡

池上通运

集乳

我做的是巡回各家牛舍，收集现挤牛奶的工作。每天早上五点半开始一直到下午两点左右，我会不断往返牛舍和JA[全国农业协同组合联合会]之间。最近到H先生那里时，常刚好觉得肚子饿，另一方面仔牛吸牛奶的时间也很长，于是便在这段时间吃午餐。尽管如此，还是得随时盯着测量仪器，所以总是吃得极为匆忙，只是把饭团急忙塞到嘴里而已。

这个工作没有午间休息时间，只能自己稍微找个空当吃午餐。也有些人直到工作结束为止都没吃任何东西，但肚子会很饿吧。如果每天都这样我可受不了。我的午餐是一个非常大的饭团，做这工作也有八年了，经过这些年，我也早就练就一手快速捏饭团的功夫了。

先在木碗上铺一层保鲜膜，再交叉铺上两张海苔，我用的是市场切好贩卖的海苔。接着再放入米饭，塞入适量内馅，将保鲜膜口拉紧，紧紧捏好。接着，再把饭团放到塑料袋里稍微滚一下，就会变得很坚实了。原本应该做成小小的三角形饭团比较好，但反正是自己吃，又不是做给别人看的，所以这样就可以了。

其实我也可以拜托孩子妈帮我做，但我上班的时间实在太早。平常凌晨三点起床，四点一过就得出门。之前在纺织厂工作时，孩子妈还会特地做好饭菜装到便当盒里给我带便当，但现在两个人都有工作，生活作息也不太一样，所以我想还是不要麻烦她，自己做就好。

下班多半在傍晚时分，这个时候就可以悠闲地去逛逛超市。我很爱逛！如果想到家里已经没有腌梅干了，就会跑去买，或是买点女儿喜欢吃的冰。饭团里的馅料我偏好鳕鱼子或明太鱼子，所以也会买这些东西。但价格很贵，所以不会一直买这类材料来当饭团馅。反正，腌小黄瓜之类的也不错。

如果能和孩子妈以及担任保育员的女儿热热闹闹地一起吃晚餐，就会让我感受到家人的温暖。有时候我也会亲自下厨，做点自创的男人料理。例如，把马铃薯皮剥掉，再用小鱼干炖煮……不是哦！不是马铃薯炖肉，不是这道菜。因为是男人的料理，做法也会像做味噌汤时那么豪迈吧。还有，煮饭。说到煮饭，以前不是有那种很大的灶吗？对我来说，所谓妈妈的味道，就是用灶煮的米饭和黏在锅底的锅巴的味道吧。而且还有加了味噌进去煮。在这里，因为是高山寒冷地带，有时候也会出现水稻歉收的年份，所以也会种植麦子。还会吃野生木瓜与桑葚呢！现在几乎已经没有人养蚕了，所以桑葚也慢慢消失了吧。

我工作了二十五年的纺织厂也关门大吉了。过去会巡回各个农家收集蚕茧。现在是牛奶，过去则是蚕茧。想一想，我好像一直在做到处收集东西的工作呢。

2

Shigeru Sakou

2

雾岛町蒸馏所

酒匂 茂

鹿儿岛县雾岛市

我的姓“酒匂”念作“SAKOU”，很像是配合这个工作才取的吧？虽然有这个姓氏，但身为鹿儿岛人，我二十岁前都不曾喝过酒。现在啊，可是每天晚上都喝。多半都喝芋头烧酒兑水，即使是夏天也流着汗边吹电风扇，边喝兑水烧酒。事实上，一直到前几年我回到老家为止，我都没办法接受芋头的味道。只是慢慢地入乡随俗，自然而然就喝得入口了。这还蛮有趣的。

在这里，除了我以外还有三位专业职人，虽然在大学时代是用书桌上的理论做微生物研究，但现在每天都是在工作现场忙碌着，理论早就抛到九霄云外去了。有时候我也得值夜班，今天晚上我就要住在这里看守酿酒，带五个饭团就是这个原因。即使是我，白天一下子吃五个饭团还是会太饱吧。这个便当是妈妈替我做的。“我会做菜耶！”虽然老是这样说，但其实我什么也没做，就只知道撒娇。

大学时代自己一个人住，所以曾经自己做饭。当时下定决心绝对不要只吃泡面，所以还是会做个一道什么料理来吃。什么材料都没有的时候，就在白饭上打颗蛋搅拌着吃。“这样就可以了”感觉起来就好像是自我安慰，自说自话似的。

如果买绿色花椰菜那类蔬菜，马上就会被我碰伤，所以我总是买马铃薯、胡萝卜或洋葱这类蔬菜。买这些东西，能做的就是那些了。只要全都丢到高汤里熬煮，到最后都会变成“马铃薯炖肉”，而如果中途想要改变口味的话，就会变成咖喱或是浓汤之类的料理。

我家因为是妈妈独自把我抚养大，所以总觉得她特别辛苦。过去因为妈妈工作很忙碌，所以吃的方面就显得比较寒酸一点，还记得小时候我还抱怨过便当呢，但我知道其实妈妈每天都很努力地替我准备便当。

做这个工作，可以遇到各式各样的人。常有人说“从别人那里得到力量”之类的话，但我总是搞不懂这是什么意思。可能是因为我一直觉得自己总是一个人自食其力的关系吧。虽然最近常忙得晕头转向，但有时候还是会想起“之前来参观酿酒的那家人，现在不知道怎么样了？”每次这样一想，精神就全都来了。“啊！就是那样。”我以前不会像这样想起别人的事。“酒匂先生，虽然有点晚了，但是可以帮忙买酒吗？”现在如果有人这样跟我说，我多半都会觉得很高兴。真的是年纪大了呀！

我之前到大型酿酒厂参观时，曾经遇到过一个很漂亮的大姐，“哇！真漂亮！”当时我整个人都看呆了，结果解说一次发酵的过程，变成“虽然不太知道过程，但只要能试喝就很不错了”就这么草草结束。只是，人生总是风水轮流转，现在我的角色也改变了。很多人都会到啤酒、葡萄酒、日本酒或是烧酒等的酒窖去实际听一次讲解。而这些特地找时间过来参观的人，我很希望大家都能乐在其中。

3

Hideko Ochi

3

越智日出子

三皿园

橘子栽培

爱媛县今治市

我们公司有很会烤蛋糕或很会做腌菜的同事，每当有人吆喝“我带了自己烤的蛋糕来哦！”或“今天有自家腌的东西哦！”的日子，我就会开始翘首盼望喝茶的时间。带便当也一样哦。打开便当盒盖的瞬间，如果能有“看起来真好吃”的感觉，马上就会精神为之一振。我觉得喝茶和吃午餐的时间，是做这个工作最有乐趣的时候了。

我们公司的农园有工读生或实习生，因为采取的是有机农法，除杂草等工作非常繁重。那些实习生总有一天会在这里独当一面，真是太棒了。最近有一对夫妇两个人一起来这里实习，也已经过了一个月了。一开始他们会带一个便当，两个人甜蜜地一起吃午餐，工作时感觉起来也像是只有对方的存在似的，但最近两个人的工作地点分开了，午餐时间也不一样，所以便当也变成两个。他们应该觉得很寂寞吧。

园里也有两个住宿的实习生，便当都是我做的。加上老板和我的便当，我每天都得早起准备四个便当。

以前也曾经有二十个左右的实习生，那时候可是什么人都有。有人努力了一年半，“还是得继承家业”就这样回老家了，现在应该是家里的人少爷吧；还有特地从东京过来，做了三十分钟就说“我要回家了”，然后收拾包包离开的年轻人。酷暑下的工作的确很辛苦，但是啊，反复进行相同工作也有它的乐趣，我就是能乐在其中，真的很喜欢农务呢。

家里的双亲在大分县丰后高田市栽培水稻和烟草，所以我才那么习惯农家的生活吧。种烟草，早上要很早起床。虽然我老是被“嗒嗒嗒”的牵引机运作声给吵醒，但其实那时候天都还没亮呢。小时候母亲每天早上都会准备很大的盐味饭团，我会跟妹妹们一起吃，然后自己做便当。应该是读中学时的事吧，两个年纪比我小的妹妹那时还曾经替我做过便当呢。那次打开便当盖就忍不住闭上眼睛尖叫起来。因为里面有饭跟炸年糕，还有煮豆料理。炸年糕耶！油炸过的年糕，那不是点心吗？

对我来说，妈妈的味道就是肉丸子汤和红豆糯米饭。妈妈做的红豆糯米饭加了红豆和花生。这道红豆糯米饭也是我儿子很喜欢的一道菜。儿子现在刚好待职中，就回老家住一阵子。之前儿子每次回住宿的仙台时，我总是会让他带着塞满红豆糯米饭、腌渍物和油炸物的便当一起走。就好像可以在哪个地方中途停车，随时打开来吃一样。我想，儿子这次应该也会对我说“拜托妈妈做便当”吧。

4

Harumi Ishii

4

石井春美

带广BANEI赛马场

护士兼马体重测量人员

北海道带广市

通常都没有说笑的时间呢！窗户上映出厩务员和马的模样时，我就得把正在吃的便当放到一边去，查询那匹马过去的体重表。只要打开窗户，马会停在体重计上，我就可以把指针显示的数值以及和上一次体重相比较的结果，告诉厩务员。窗户关起来，在等待下一匹马过来之间，赶快默默吃便当。

三年前被录取时，公司曾经对我说："你的工作主要是到受伤，或身体不舒服的人身边照顾他们。"然后就递给我一个急救箱。那时候找的是能发挥护士专业的工作，但才在心里盘算着也许不会有人身体不舒服、工作应该会很轻松时，上班第一天就被带来这个地方。平时马会直接从自己的面前走过去，"哇！好棒哦"我一直觉得很兴奋，而我的工作就是护士兼马体重测量人员。一整天下来，大概有一百一十匹马从我眼前经过。测量的是马，所以体重计的指针也会一直动个不停。只是，坐在这个位置上还是有些不为人知的苦恼呢！

我在邻近的音更町长大，双亲务农，每年一到冬天，父亲就会受町的委托去驱赶野鹿。即使现在已经六十六岁高龄，仍然持续做着这个工作。父亲穿着用兽毛贴在内部的特殊滑雪板，扛着猎枪一整天在深山里巡视。小时候，爸爸如果早点下山回家，我们就会高兴地大喊："我们在等你呢！"然后马上接过爸爸的双肩背包。我们的目的是拿放在背包里一整天、变得硬邦邦的饭团。因为在摄氏零下一二十度的气温中走动，米饭也会变得干巴巴的。每次和弟弟妹妹分着吃这种饭团时，我都很高兴。"如果明天爸爸也把饭团剩下来就好了。"我们姐弟还曾经这样说过。妈妈做的饭团和鱼肉香肠是爸爸入山时的固定便当菜色。

说到鱼肉香肠……虽然小学时代有营养午餐，但那个时候每个礼拜都会有一天是"便当日"，大家要带着自家做的白米饭到学校。有一天，我打开便当盖，发现怎么整个都是粉红色的？原来是妈妈把鱼肉香肠剁得碎碎的，撒在米饭上。看到这样的便当时老师说："不遵守规则的父母没出息，我要打电话到你家。"但是，下个礼拜打开便当盖，还是一片粉红色。老师又会说："你的父母没出息。"可是便当看起来就像是花开一样漂亮，而且我也很为妈妈的童心未泯感到高兴。我的印象中，好像不曾将老师生气的事情告诉妈妈。因为对方是个很严格的老师，所以我想应该曾经打电话到家里过，但不知道为什么粉红色便当仍然一直出现。

现在，有时候我也会为读幼儿园的女儿做便当。某一天抱着试试看的心态，把玉子烧做成了爱心形状。"妈妈，便当里有幸福的样子耶！"女儿说。从此以后，我都会在女儿的便当里准备心形的玉子烧。

5

Toshio Matsui

5

松井利夫

京都造型艺术大学空间演出设计系

教授

京都府京都市

通常家里有剩菜时，才会做便当。看猫咪的心情。为什么这样说呢？因为我家有九只猫，把他们吃剩的鲔鱼用海苔卷一卷，就是“松家便当”了。不过今天为了拍照，用了比平常稍微高档一点的鲔鱼。

基本上，猫咪平常吃的都是猫粮。就是在盘子上将那种脆脆的猫饲料堆得满满的。其他再轮流加上罐头、生鱼、鸡胸肉之类的零食，老是给猫咪们吃鲔鱼，它们也会吃腻，这时候就会稍微换一下口味。

鲔鱼通常是在超市买来的细长条状，我总是在猫咪面前直接切给它们吃，我发现它们好像不太喜欢超市切好的现成鲔鱼。还是我多心了？我总觉得这就好像跟我们人类到寿司店时，喜欢坐在寿司吧台前享受美味是同样的道理。

做这个便当的人，是我自己。还得连老婆的份也一起做呢。其实就是卷起来而已，很简单。用竹叶包着，方便携带。直接拿着吃就可以了。没带酱油那些东西，所以什么都没蘸直接吃。平时家里没剩菜的时候，就在学校餐厅吃“梅干裙带菜乌冬面”，加了梅干、裙带菜和天妇罗油渣，只要两百日元。

啊，我现在正从事蛸壶的相关研究，这是一种用来捕捉章鱼的素坯陶壶，你可以看看自己家中的壁龛等地方是否也摆了一个？我家壁龛的蛸壶可是从我孩提时代摆到现在，我都变成老头子了。蛸壶上头还贴了藤壶，真是有趣的东西啊。

事实上，八〇年代，蛸壶曾出现过世代交替，因为内设陷阱的塑料箱开始普及的关系，失去用处的旧蛸壶就被随意弃置、堆积在日本各地的海岸上。那景象真是令人印象深刻啊。因为我很喜欢同一种东西数量庞大的感觉，我觉得那景象实在很迷人。小时候，我也很喜欢把动物饼干放在眼前排排站。

另外，蛸壶这种东西的口总是开着，随时能逃得掉，所以会被抓到就是章鱼自己的问题了，很公平。不过，选个好地点放蛸壶也很重要。然后就是祈祷可以顺利抓到猎物，放到家中的冰箱里。

去年，我自己做了心心念念已久的金、银蛸壶，是个高两米，重约三百六十公斤的大壶。我自己还跑到里面去哦！所以很懂章鱼身在里面的感觉，根本就不会想出来嘛！有种与世隔绝的感觉。金壶内侧还涂上漆，如果沉入海底，看起来应该会像个黑洞一样；银壶内侧由于涂上的是荧光涂料，看起来像在发光似的。只是，要怎么把它们运到海边，我还得再研究研究。

6

Sachiko Satomi

6

海女

里见幸子

千叶县安房郡

今天的收获还可以啦！没有数，大概抓了二十五只吧。我是鲍鱼狂，会抓九孔鲍鱼，或者采摘石花菜，但基本上专捕鲍鱼。一抓到就会马上带到渔业合作社去，因为一定得立刻直接卖给旅馆或其他人。等这些工作都做完了才可以围着火炉轻松一下，也就是午餐时间。

来休息小屋吃午餐的每个人都会各带一样菜，所以如果那天人多的话，菜色就会增加，但人少时菜色也自然会减少。依照季节的不同，大家也会带点类似竹笋之类的料理，这种状况也很正常，毕竟大家都是带自家的剩菜来啊。

今天，我带的是炖南瓜，剩下的则是其他人带来的。鱼是刚才用这里的火烤熟的，玉米也才在海水里泡过，很好吃哦！有火真是太方便了。

我都是在便当盒里塞满饭，然后把菜放在便当盖上，这样一来就可以不用特别准备装菜的盘子了。这是我女儿幼儿园时使用的便当盒，因为刚好合用，所以我就拿来带每天的便当。

吃饱饭后，我会一直在这里闲晃，什么都不做。采石花菜的人们一定得回去把曝晒的石花菜翻面，但我就没事做了。

我当海女有多久的时间了呢？那时候，女儿们都还在上幼儿园，应该有二十七年了吧。生了孩子，就没办法自由地外出工作吧。那时候一方面是因为有空，一方面是因为喜欢海，所以就开始当海女。这一做就没完没了了。这里的人都是这种情况，一开始都是做着玩，做出兴趣就迷上了。像是在寻宝一样，我女儿小时候曾经这样说过："妈妈，是到海里捡钱吗？"说起来，好像也有点这样的意思呢。

其他妈妈和我都是海女，虽然有句话叫"大海是不打烊的"，但是以前一年中每逢大潮时，就连小学也会放假，让大家到海边采石花菜。孩子们都到自家附近的海里采石花菜，因为可以拿到合作社里换钱，所以大家都很努力哦！隔天，校长还会问："大家是不是都满载而归啊？"

小时候，妈妈一回来，我就会吵着："妈妈，妈妈，把便当盒给我。""给你。"从妈妈手中接过来的便当盒里，都会装着烤海螺，应该是在海女的休息小屋里烤的吧。我记得那时候看到海螺总是非常高兴。但是那时只要我跑去海女的休息小屋，妈妈都会很生气，说这不是小孩子可以来的地方。现在想想，就明白妈妈的想法了。小屋就像是一个小型社会，我也从前辈们身上，学到了各种人生道理。

妈妈过去曾说过，捕抓礁岩里的鲍鱼，可以说是靠天赏饭吃。因为在晴朗的天空下，大海里就会一清二楚，捕抓鲍鱼也就变得容易得多，但现在也不像以前那样抓鲍鱼了。因为海里已经没什么鲍鱼了。

7

Takanori Kitahara

7

北原孝训

中武商店

手工素面职人

香川县小豆岛

现在，我以业余木匠的身份在自家旁盖小型原木屋，木工工具就这样随意堆放着，可以说是男人的私房小屋吧。我希望这里是这样的一处小天地，因为我很爱自己动手做东西。家父是船匠，于是我在那样的环境中耳濡目染长大。但是小原木屋，我倒是没跟工作上的其他人说过，因为平常工作劳动的分量就不轻，休息日还搞这些？一定会有人大惊小怪的。

自己动手做东西纯粹是因为兴趣，但是说到深奥，没有什么比得过做面条了。我每天都在心里盘算着“要怎么做才好？”如果完成的面条和想象中不一样的话，我就会想办法弄清楚。无论是好是坏，总之就是要找出原因。会让我想无止境地追求极致的，就是做面条吧。

这份工作要很早起床，每天凌晨四点半就开始作业，一边观察着熟成的程度，一边打面，然后曝晒。因为常得运送有点重量的物品，所以常会用到腰和腿。话虽如此，一不注意，身上就累积赘肉了。心想这样下去可不行，于是便将便当的分量减少至一半，用蔬菜来代替。生菜沙拉在分量和饱足感上都有不错的效果，也因为这样，我的身体状况也变好了。便当是我太太每天为我做的，每天三点半她会跟我一同起床，在玄关送我上班是我们的约定。我太太也很辛苦呢。

要说便当的回忆啊，应该就是那个吧。小时候一打开便当盖，看到里面放了一整尾完整的炸日本对虾，每次看到这个，朋友就会一阵骚动：“哇塞！超棒的。”父亲很喜欢制造这种惊喜的效果，虽然替我做便当的是家母，但提议这样做的是父亲。父亲没当船匠后，就和母亲两人经营民宿，当然也会善用各种食材为客人做料理。

以前也曾经在便当中出现过很大根的香肠，从来没看过一整根大香肠直接就这样放在白饭上，所以当时我也就直接用手拿着大口咬着吃。朋友们都很惊讶呢，现在想想，父母亲应该是预谋好的，想要在孩子的世界里，稍微带来点不一样的效果。

我自己为人父后，现在也开始想让三个孩子尝到吃便当的乐趣，现在流行的、比较受欢迎的应该是 Kitty 猫吧，因为是以绒毛娃娃当制作范本，所以做便当菜时就像是捏立体黏土。有没有做起来可以更像真品的食材，我常常一边这样想一边盯着冰箱里看。蛋也要很仔细地加工、雕刻，这些都是很重要的基本功。很有趣哦！每次孩子带便当上学的日子，我就会“满心期待”。

有时候，我太太也会有早上无法做便当的日子，因为毕竟要那么早起床。这时候，太太就会送便当到我公司来，有时候也会连孩子都一起带来。不知道为什么，每次特地送来公司的便当总是显得特别美味，应该是特别加了什么东西吧。

8

Yoshiko Tamiya

8

田宫芳子

沙乐沙浴会馆

沙浴服务员

鹿儿岛县指宿市

这不是什么可以特别给别人看的便当啦。今天早上我看冰箱里什么都没有，就把一些现成的菜都装到便当盒里了。我常带蔬菜沙拉便当，这道菜无论天气多热也吃得下去，我老是带这道菜。

可是啊，无论夏天还是冬天，我都会吃这道菜。吃吃喝喝，就是怎么都瘦不下来，喝也都不是喝啤酒，而是开水哦。流了汗就会到供水处补充水分，大家都会络绎不绝地去，确保不让自己出现脱水症状。尽管如此，我的食欲还是很好哪。在这里工作的人都这样，喝个不停然后吃东西。我们总是对客人说："做沙浴有益肠胃健康哦！"其实你看，我们一直都是光着脚，从脚底就能够清楚感受到疗效了。

我从这里开始经营时，就在这工作，之后"沙乐"成立，也一直在这里担任盖沙的服务员。已经将近二十年了，简直一转眼的时间呢。现在已经能用脚来感觉温度高低了，但一开始可是什么都不晓得，还被烫伤过呢。脚底整个变白，痛到不能踩汽车离合器，告诉前辈后，他们告诉我"你被烫伤啦"。现在已经可以用脚底来试温度，并且替腰痛的人把腰部的沙地挖深一点，或是替沙子加热。来做温泉疗法的人也不少。今天有个来第八天的男客人，刚刚直喊"好烫！好烫！"就表示治疗出现效果了。刚来的时候，他完全感觉不到温度呢。所以现在有这样的变化，真是太棒了。

虽然我也生长在指宿市，但因为在靠山处长大，所以一直到嫁到这一带为止，都不知道有沙浴温泉。那时候还是没有车子的时代嘛！能够游玩的地方就是附近的池田湖，常常去游泳呢。那时候还有"海怪事件"，我家隔壁的阿姨还说"看到了海怪"。当时还常常上电视。池田湖里的鲤鱼或鳗鱼都很大，味道很不错。我哥哥会在晚上把陷阱放到湖里，然后我会在白天跟着一起到湖边。"你待在这里就好"，然后就把我留在湖边。哥哥抓到鳗鱼后，会先用南瓜叶滑溜溜地把鳗鱼抓起来，刺穿鱼头上的鱼眼，把鱼处理好。他是小学生时就可以自己一手搞定，非常有趣。

我还记得那时候挖地瓜和插秧的事情。大人白天带着红烧料理和煮好的饭出门，在田里烤鱼和泡茶，全家一起在田里吃饭。我小时候最喜欢这个时刻了。

接着，大伙儿就会去洗澡。休息前先痛快地流汗，身体把手巾弄得湿淋淋的，也因为这样，身体变得很健康哦！当时虽然累，但第二天早上又像没事了一样。

寻人

常有人问我："如何找到这些带便当的人？"但是这个问题的答案我也曾希望有人告诉我。记得大概在七八年前，当老公下定决心"要走遍全日本，拍手工便当的照片"时，我也曾经问过一样的问题。毕竟是便当，那样私人的物品要如何找出来呢？当时的我完全没有头绪。

当初刚开始寻找素材时，我很积极地在亲朋好友间宣传自己"拍便当"的计划，总不忘叮咛："替我介绍一下哦！"但是得到的回答总是"有替你找，但是没有适当的人选"。不然就是"太普通了，一点都不有趣"。即使我说明："普通也没有关系。"朋友还是觉得"那些都不是可以拍照的便当啦"。

现在不会只以单一对象为目标，而是采用"直接出击"的方式，翻开地图或旅游书，一边看那些不熟悉的地名，一边想"啊！好想去指宿温泉哦！"然后就这样出发了，随心所欲是最有趣的。

那些沙浴服务员里，一定有人会每天自己带便当，所以我们就直接打电话询问："请问你们的员工里，有没有人自己带便当呢？"如果有人介绍的话那就太幸运了，如果被拒绝，顶多就是转身回家而已。

最后，这种简单的寻人方式就这样一直持续下去，刚开始采访时，因为还没有在《翼之王国》[《翼の王国》]连载，常用的说法就是"想当作摄影集或者摄影展发表的作品"。但是当时作品发表的时间，当然是完全还没决定。

突然有人打电话来说"请让我们拍摄您自己做的便当"时，对方当然会不知如何是好。客运公司的人以为是要问客运行

驶情况而接起电话，但听到："我们正在巡回全日本，拍摄手工便当……"时，反应通常会是"啊？"每次要说明采访主旨都特别困难。"为什么要拍便当？"电话另一头都会如此困惑地问道。现在我们会将《翼之王国》的复印件送去给受访者，并会说这是为了"将来的梦想"，通过电话之后也会写信，并且连同计划书也一起寄过去。总之就是希望对方可以信任我们，并通过信件，表达这样的想法。

开始连载是在二〇〇七年四月份，当时我们已经拍摄了超过八十个人的便当，而这些人多半觉得"真不好意思，原本也不是想把便当这种东西给别人看"。还有人觉得"虽然每天都会吃便当，但实在是太理所当然了，所以也没什么特别的想法"。对于老婆替自己做的便当，有一天忽然变成目光焦点，感到很不好意思。"有没有什么有关便当的回忆呢？"忽然被问起这样的问题，大家一时之间都会不知如何是好，常常什么想法都说不上来。但是把话题从太太做的玉子烧，扩展到母亲为自己做的玉子烧，开始回想母亲亲手做的玉子烧时，受访者身边的空气就会慢慢地转变。而这就是便当的力量。

我们总是在对素昧平生的"某人"单方面发送爱的呼唤，无论是便当或人们，都会有一种初次见面的乐趣。但不可思议的是，还是有那么多人接受我们拍摄便当这个麻烦、可疑的请求，又是为什么呢？虽然也会遇到许多人拒绝，但还是有人回答"好啊！来吧"。转眼间，我们也走遍了日本各地了。

HI-C
DRINK Coca-Cola
Coca-Cola

9

Natsuki Tachibana
& Nana

9

立花夏希与马娜娜

新·砂丘的马车

牵马员

鸟取县鸟取市

从小时候开始，我就有以马为生活的目标。画画时，大家都是画花或是女孩子，但我就只画马。我很爱看美国的西部片或是赛马转播。我看到它们总是觉得“一身雪白好可爱哦！”、“行进的姿态好帅啊”。我一直认为，若想从事马匹相关的工作，就非得累积助手的经验、自己制造工作机会不可。然后，在中学的暑假时，我拜托附近的人家“请让我住宿照顾您的马匹”。那是一家养小马当作宠物、素昧平生的人家。他们让我住宿，让我按照自己的喜好照顾马匹，还给我吃很好吃的食物。现在想想，被照顾的人应该是我吧。

日后，我也如愿地到骑马俱乐部里当助理，从马匹专门学校毕业，看到这里招人的信息就这么来鸟取了，是个离老家岩手县相当远的地方。

妈妈很担心，所以总是寄各种食物给我，可乐饼、咖喱炒饭以及牛蒡丝包子。这些手工菜全都冷冻得硬邦邦的，有时候以为是砖头，其实是香蕉蛋糕。妈妈知道我住的地方没有烤肉网，所以会把烤好的鱼冷冻后寄过来。我记得以前高中时，每次我一打开便当，班上同学都会“哇！”地惊叹。有时候会带鳗鱼饭或是散寿司，明明不是逢年过节，也会有盐渍鲱鱼子或是腌肉丝。我觉得妈妈自己准备便当时也很乐在其中吧。

开始做这份工作起，至今已经第五年了，但在新进员工中到了夏天不会摔下马来的，只有我和另一个同事而已，女孩子这样也有点太汉子了。在夏天这种如地狱般炎热和忙碌的季节里，我每天只能牛饮运动饮料，回到家倒头就睡。会瘦哦！冬天只需替稀稀落落的客人，牵骆驼或驾马车，时间多得是，所以三餐都会自己动手做。虽然非常冷，但肚子饿起来，便当就会更显美味了。

去年夏天多亏了辣韭田的阿姨们送的帽子，发挥了很大的防晒作用，但冬天我的脸却冻伤了。这个冻伤的痕迹没有消除，我就无法回老家。刚工作的前几年回老家时，我自嘲“哇塞！居然晒伤成这样”。妈妈却一脸心疼地快要哭出来似的。我家因为是开药局的，妈妈也会卖些保养品，所以才特别在意皮肤问题吧。从此以后，妈妈就一定会在我的包包里放进最强力的防晒霜以及乳液，一到夏天，每个月还会寄两罐来。

离开家来这里工作时就会想念家人，但一回老家又会想念起我的马——娜娜，会不会吃坏肚子啦，会不会受伤啦，老想着这些。每周一次的休息日，我会尽量让娜娜也一起休息。因为娜娜也需要有什么都不做的日子，在沙堆上滚来滚去，鼻子因为进了沙而打喷嚏之类的，是最幸福的时光了。

10

Shinpachi Murasaki
& Kanpei

10

村崎新八与猴子勘平

阿苏猿之里

要猴人

熊本县阿苏郡

我在东京实习结束，将要回到山口老家继承妈妈的理发店，这时候堂哥提出邀约："就要回老家了，在这之前一起吃个寿司什么的吧"。

堂哥是耍猴人，当他在寿司店吧台对我说："点你喜欢的吃。"就已经让我有些受宠若惊了，毕竟不是回转寿司。连酒也是一杯接着一杯喝，产自知名酒乡的名酒也陆续端了出来，"好赞啊！"我说道。"我啊，跑遍了整个日本，每天晚上都这样享受。"堂哥这样告诉我，"做耍猴这一行，这样过日子也没什么了不起的。"

堂哥的父亲，也就是我的叔叔村崎义正，是让曾经消失的传统技艺"耍猴"复活的人，在当初那个还没有专用剧场的时代，堂哥要巡回全日本表演耍猴技艺。叔叔和堂哥很明白我意志不坚的性格，所以应该猜得到我对这个工作会感兴趣。哎呀！完全中计了。

平成元年，阿苏山麓的猴剧场成立，我便以这里为据点开始活动。也有到各地进行表演活动，甚至还到过纽约公演。

说到表演活动，我有一个很难忘的回忆。刚和我老婆交往的时候，她就说："我替你做便当。"那天是到福冈的日子，因为她说："遇到别人，会不好意思。"所以我们就约在便利商店的停车场拿便当。

结果，打开的时候真是吓我一大跳，是三层便当。而且另外还有一个小便当盒，是给猴子勘平的。无论是香蕉还是奇异果，都仔细地把皮剥干净，连苹果啊，都做成兔子的样子，勘平那时候一直盯着看。我也一样。

决定了今天的拍摄时，公司的同事就说："就做那个'爱的三层便当'啦！"而我太太呢，则说："开什么玩笑！"

看猴子吃东西是不会腻的，五只猴子有五种吃东西方式。拿小黄瓜给它们吃，有喀吱喀吱高兴地马上就啃起来的，也有的会把周围的绿色都扒掉，先吃了中间的瓜肉，最后再吃皮的。吃东西方式的不同，跟性格有关，也跟父母的地位有关。

勘平很棒哦！平常休息时间都只有我跟勘平而已，即使我说："没关系，时间很多，你可以慢慢吃。"它还是会在嘴巴里塞满食物，一只手拿着橘子，另一只手捏着花生，真是可爱极了。勘平，你要喝养乐多吗？

11

Naomi Ito

11

伊藤直美

出羽三山神社

乐官

山形县鹤冈市

带便当多半是冬天的那几个月。这段期间供餐的厨师休息，就得委托饭馆外送或是自己带便当。我呢，就拜托妈妈帮我带便当。有大概六成的几率是带妈妈做的便当上班。

有没有听过“延命乐”？我们这里称“食用菊”为延命乐。阿姨会把内侧苦的部位挑掉，花瓣一个一个地拔起来，用热水浸泡，在这个季节大量冷冻保存。今天我也泡了一些带来了。菇类也是从山上采来装在瓶子里。这是酱油煮滑菇。很有乡土味吧？

我平常就发现了，我家就连院子里的枫叶都会入菜。醋腌庄内柿、红萝卜等料理，每天都会出现在餐桌上，这里的人简直都快吃腻了。但是装到便当里还是会觉得很高兴，而且便当看起来也很缤纷。

事实上，不久前才拔了不少红萝卜，没错，便当里的醋腌红萝卜就是前不久才拔的。我家会在山上烧荒后的田里种红萝卜，因为是到山里耕种，所以总会担心如果“熊出没”要怎么办。但偶尔有这样的经验也不错呢。上山那天，我就会感慨万千地想，就是有祖先才会有我啊。在雨中步行于山路上不但费力，而且我也不习惯拔红萝卜。体验过这种事，就越发感受到过去人们的辛苦。自然而然就会深深感受到这座山是自己继承自祖先的重要遗产，回到家后想都不想，马上到佛坛诚心参拜。为什么啊？应该是忽然涌现感恩的心情吧。

我家因为是本家，所以每到了采收或耕作时多半都会把工作分配给亲戚们。住在附近的叔叔、姑姑们就会聚集在一起，聊些今年的蔬菜收成啦，腌食物的方法啦，没完没了地聊些食物的话题。但我懂这种心情，探索食物的话题是无穷尽的。

对了，我想起来了。家母的便当虽然一直都很美味，但是运动会那天在帐篷下吃到的稻荷寿司和太卷寿司也很特别。怎么说呢？妈妈一早在厨房，把腌黄瓜、鸡蛋和干葫芦条放在醋饭上，然后再用寿司帘卷起来拍打几下就做好了。寿司的滋味、醋饭的香气，好怀念哦！对于童年时候的我来说，比起味道，更是靠声音和香气来记忆的。

12

Kinuyo Sakamaki

12

坂卷娟代

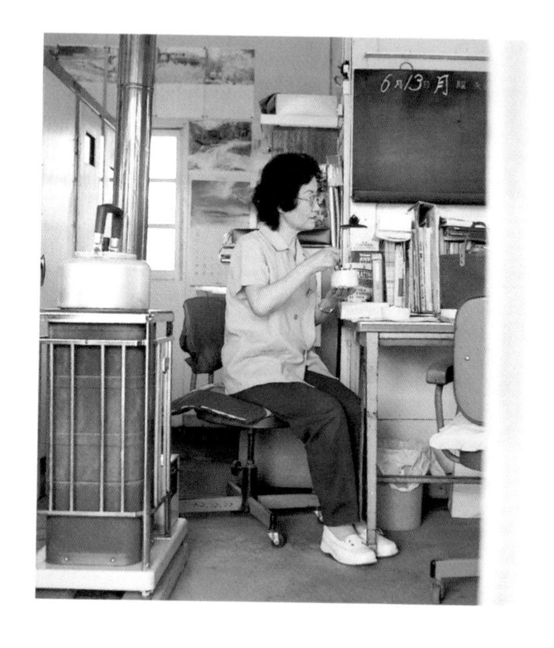

小凑铁路海士有木车站

站务员

千叶县市原市

每到早班的日子，就得在赶上五点五十九分第一班车发车的时间来上班。中午在车站办公室吃完便当，晚班的人就会来上班了。接着就会交班，但还剩下很多车站的事情得做，所以最后回到家都已经傍晚了呢。

我这人有点慌乱冒失，老是把自己弄得很忙，真是糟糕啊！例如要将车站旁的草除掉，或是把接待室的椅子摆整齐，工作时老是慌慌张张，做不完的部分就在下午慢慢做。这一带因为不希望洒除草农药，所以会慢慢地长一些绒草或是松叶菊等杂草，一片粉红色，真的很漂亮。

老公替我做的便当，是我一天“活力的泉源”，虽然家就住在附近，其实可以回家吃，但特别跑回家又太麻烦了。

真的很感谢呢！老公总是早起，在我梳妆打扮时，替我做便当。玉子烧、煎鱼，什么都做哦。中午一打开便当盒，“哇！也替我带这个啊？”我总是很高兴。

今天便当带的花生味噌是买来的，但我小时候带便当一定会有这道菜哦。这道菜是花生拌味噌，小时候，朋友带的花生味噌因为加了很多糖，所以是甜的，但我家的是咸的。那时候好羡慕哦！那时我带的菜一直都很简单，煎一条秋刀鱼放在白饭上之类的。有印象的只有“饭”。朋友们带的都是白饭，但只有我家是麦饭，家母那时候大概心想这种便当看起来很寒酸，所以在煮麦饭时就会在一角放些白米一起煮，因为麦子比较轻，所以煮熟之后就会全混在一起，剩下一些没混在一起的白饭，妈妈就会替我装到便当盒里。

当时就是那样的时代啊。我没有吃过营养午餐，有时候妈妈们还会各自带家里的蔬菜和柴火到学校的厨房做蔬菜豆腐汤。因为是茨城县的乡下嘛！白萝卜、胡萝卜这类蔬菜每个人家都有。

一讲到食物，就觉得很怀念呢。我还是学生时，一放学就会吃寒天面和“甘太郎”，所谓的甘太郎就是现在的大判烧 [车轮饼] 吧，里面有馅料的那种点心。以前大家都穿着长到小腿肚的长裙，虽然像个野丫头一样，但还是这样打扮。

现在的孩子们看到这种裙子，应该会把裙子往上卷短吧。“怎么那么短啊？”有时真是短到让人莫名其妙。我偶尔看到穿着长裙的女孩，就会“啊！真是乖孩子”松了一口气。在这里工作可以看到各式各样的孩子，也很有趣哦。

啊！电车来了，这次是下行电车。

13

Tsuneo Nakano

13

中野恒男

日本向日葵人寿保险

财险业务员

东京都丰岛区

每次人家说“爱妻便当哦！”我都会回答“骇妻便当啦！”虽然不是每天都有，但便当都是和我结婚将近三十年的老婆替我做的。整个办公室里只有我带便当，大家都是外出吃中餐。所以，我老是一个人很寂寞地在座位上吃饭，或是在跑业务的途中，在车上吃饭。

便当里的食物，我都没什么意见。其实是不要有任何意见，如果说的话不合老婆的意，她就不会再替我做便当了。一定的。所谓的便当我认为是代表着两个人，做便当的人和吃便当的人，两个人。感受到做便当的人的心情，产生感恩的想法。这样一想，就不会想表示任何意见了。

我的便当里一定会有叶菜类的料理，今天带的叶用黄麻是我老婆在自家庭院里种的。你问我喜不喜欢吃？我是没有办法说喜欢或讨厌的。虽然我不太爱醋腌食物，但老婆还是塞得满满的。也因为这样的训练，现在我几乎所有的东西都能吃。这都要拜老婆大人之赐。

其实我很爱吃大碗拉面，我想到目前为止也大概吃了一千五百碗了吧，如果一不管我，我就会跑去吃拉面。所以一逮到机会，老婆就会替我准备便当，要我均衡饮食，什么都得吃。

为了工作，有时候得开车跑遍全日本，也会计划十天左右的时间，到九州岛去。我是个有好奇心的人，因为我还曾经刻意去走小路！那样也别有一番趣味。我的卫星导航还设定了全国的拉面店，总是出现内存超载的情况，从早上开始就吃拉面，啊！如果被老婆知道，我就要倒大霉。

但是啊，我觉得我能够这样吃，就是因为平日有便当可以吃的关系。因为有便当，才能吃拉面。这是什么逻辑啊！

我和老婆结婚以来，几乎没有吵过架，我们两个常常外出旅游，一起体验相同的事物，就能有相同的回忆。我觉得这样还不错。

对，还有这个，我一直摆在桌上的这个“小木偶”，和我老婆好像哦！我偶然在百元商店看到的，我曾经跟办公室的同事说过，如果有谁把这个弄坏，我就饶不了他。哎呦！因为我怕老婆嘛！

我老婆也很爱吃拉面哦！两个人一起出门时，她就会点味噌拉面，我就会点酱油拉面。因为老婆不吃肉，所以我都能吃她那碗拉面的叉烧肉。

啊，今天谈的应该是便当才对……结果变成这样了。你会不会变得有点想吃拉面了？我跟你说说这附近的好吃的拉面店吧！

14

Akiko Echizen

14

越膳明子

根室农协

北海道根室市

“我家的母牛发情了，快来！”电话那头这样说。是的，这是真的，接到这样的电话，农协的受精师就会出场，带着公牛的精子，到农户的家中。这时候受精师的技术就很重要了，若能成功让母牛产下小牛，接下来就换我出场了。我就要做资料，证明受精师曾经到某处替牛配种。我工作的地方就是所谓的配种单位。

我刚来这里工作的时候，还真的被吓了一大跳。身边每天都有各种“猥亵”的言词飞来飞去，不过不知不觉间，我也已经习惯了。

我的工作不用到农户家去，主要是电话沟通或是整理数据。这里是根室，多半是畜牧业，公牛一出生就会马上被售出，所以数据是绝对必要的。

所有的职员一看到牛，就会看起来很懂地说：“这家伙长得不错嘛！”而且似乎光是看到书面数据就能够判断了，但是我完全没办法，完全不行。从事这份工作，有许多吃烤肉的机会，例如，牛只的品评会。通常在品评会结束后，就会在该会场举办烤肉会。但在会场的一角常会有几只牛，默默望着我们这边……很残酷。边觉得人类真是残忍，但我还是继续吃着烤肉。

说来有点不好意思，都这个年纪了，我还是很喜欢吃肉。会这样说是因为爸爸是和食派，在家完全不吃肉，只吃鱼。因为爸妈深深认为“牛肉很臭”的关系，后来长大成人之后，在外面吃了牛肉，才觉得“哇！好好吃哦！”感动极了。

对于食物的回忆，虽然尽是爸爸喜欢的鱼类，但唯一在我家能够吃的洋食是奶奶做的意大利面。好像是从在学校做营养午餐的亲戚那里得来的灵感，在那不勒斯意大利面上淋上丰富材料熬煮而成的肉酱意面，那时候还用叉子吃，非常高兴呢。

不知道是不是对和食的反抗，现在我做的料理多半是焗烤或是汉堡。因为爸爸是连奶油也不能接受的人，所以几乎完全不吃呢。我的便当一直都是自己做，只是把吃剩的食物塞到便当盒里而已。也常常回家吃午餐呢。

鱼肉的话，几乎不会想吃，但是搞不好跟牛肉相比，我更熟悉鱼肉，因为在这份工作之前，我在渔业合作社上班，负责处理咸鲑鱼子。总觉得我是在根室的产业中，辗转谋生呢。

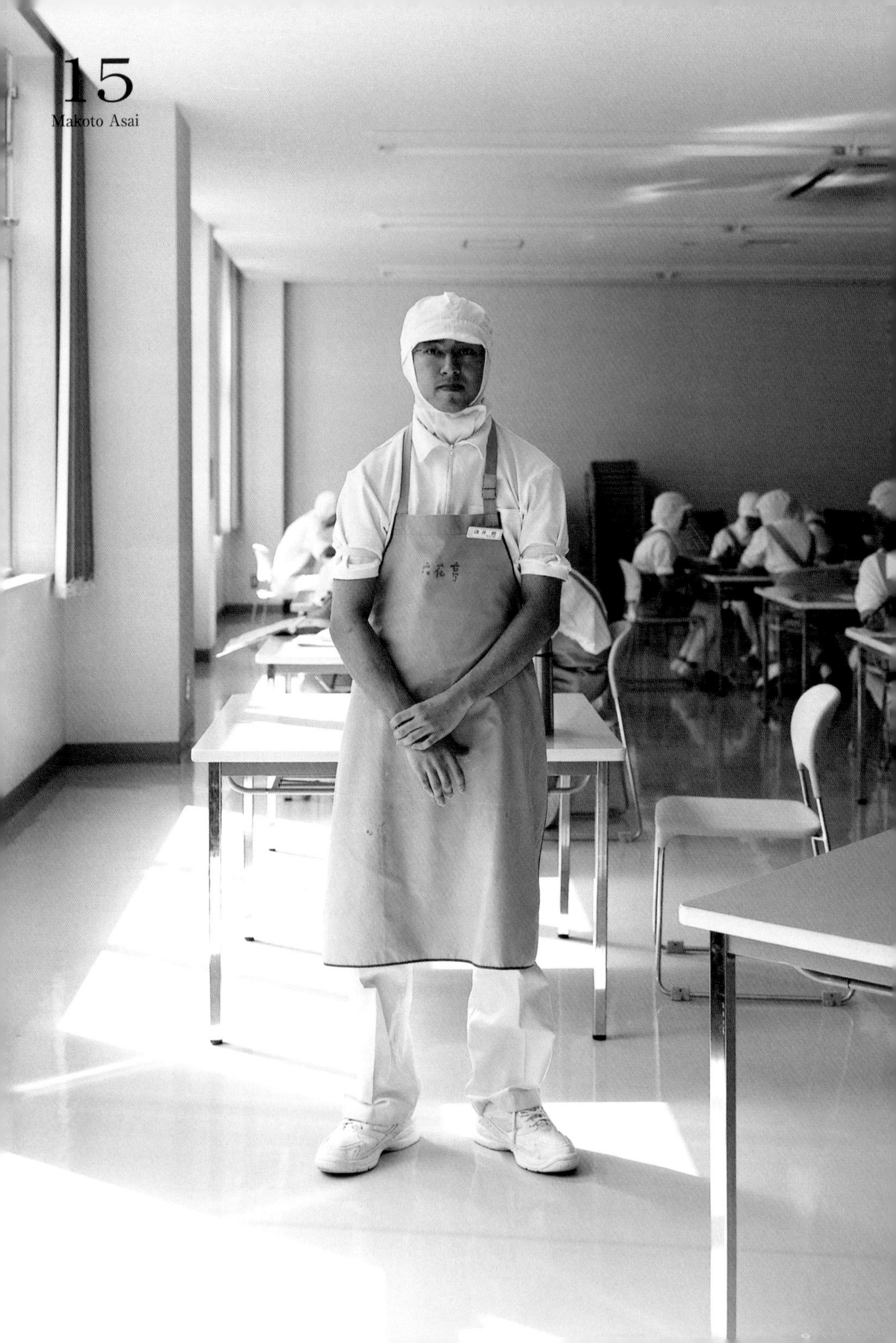

15

Makoto Asai

15

浅井 慎

六花亭制菓

北海道带广市

一回到家，第一件事就是把工作服和帽子脱下来，递给妈妈。妈妈在这之前都不会洗衣服，等我回来才开始洗。虽然我有两件工作服，但因为非得每天替换不可，所以一定得都洗干净。

我很感谢妈妈。现在刚好负责制造栗团子，所以每天早上七点半就要上班，这样一来我就一定要在早上五点就起床，但我想妈妈大概在四点左右就会起床替爸爸和我做便当。今天带鸡肉松饭和玉子烧、红芸豆、烫菠菜以及炸鸡。我最喜欢吃炸鸡，所以特别拜托妈妈做。平时大多都是像这样的菜色，有时候还会有炒牛蒡丝，或是将小菜事先冷冻起来，用来带便当。

妈妈平常也会到娘家的田里帮忙，所以我想一定很忙碌，像现在因为刚好是马铃薯的收获季节，所以应该正开着机器在挖马铃薯吧。从田里回家后，就洗衣服、准备料理，然后收拾家里。我在放假日也会帮忙洗碗或整理房间。

你有看到这里的员工餐厅吗？看起来好像很好吃吧，但因为我完全没用过，所以也不是很清楚。进公司上班后，只有一次，在学习使用公司餐券时曾经吃过一次。到今年春天我到这家公司就满二年了，因为从那次以后就没再使用公司餐券，所以我想使用方式大概也忘记了吧。

带便当的原因？当然还是因为经济因素吧。现在讲这些好像有点奇怪，不过一切都是为了年老之后着想。因为我觉得未来会发生什么事没人知道，所以要事先好好存钱。会发生的事情大概就是结婚之类的事吧。但其实对于结婚还完全没有计划，因为连个女朋友都没有。

原本我是想在饭店工作的，高中毕业之后就到哥哥任职的饭店笔试，但是对方却告诉我“我们不同时用兄弟”。后来刚好知道六花亭有第二次招募的消息，也顺利被录取了。真是太好了，我还是喜欢做能让顾客感到开心的工作。我也很喜欢甜食，我家的商品我最喜欢的是什么呢？应该是“两相好”[おふたりで]吧。

这份工作最重要的是不能让食物发霉变质，所以要花很多心思。如果觉得手变粗了，就在晚上睡觉前擦乳液，然后带着手套睡觉。

16
Ruri Senke

16

千家瑠璃

阿伊努族歌舞手

北海道阿寒町

我高中毕业后就做这份工作了。跳舞是我最快乐的事。刚刚在舞台上跳的最后一支舞叫做“黑发之舞”[フッタレチュイ]，是一种甩头、将头发激烈地前后左右摇晃的舞蹈，如果觉得“头有点痛”，那天就会特别疲劳。两年前来这里工作时，我的头发还很短，即使甩头也不会有头发飞扬的感觉。因为毕业旅行到函馆、小樽和札幌时，觉得头发那么长好麻烦，就剪掉了。现在只会把头发绑起来，不会再剪短了。虽然也不是规定一定不能把头发剪掉，但是在这里跳舞的人每个人都是长头发哦。

我总是在后台吃午餐，现在这里有舞者八人、歌手三人，他们中午多半都是回家吃饭，或是在附近的便利商店买东西回来吃，但我一直都是带妈妈替我做的便当。我最喜欢的菜色是酱茄子。用胡椒、盐炒过，最后再淋上酱油。虽然是冷冻食品，但我也很喜欢“年糕水饺”。如果要说我最难忘的便当的话，那就是鲑鱼和鲑鱼子的亲子盖饭以及酱烧蜜环菇。所谓的蜜环菇是一种秋天采收的菇类，去年的阿寒球藻祭时，别人做给我吃过，好好吃哦！阿寒球藻祭是阿寒湖畔的阿伊努族祭典，我们也会在祭典时献舞。

我家离演舞场所在地的阿伊努族部落稍有段距离，一直都是爸爸开车送我上班。爸爸是木雕职人，雕刻熊或阿伊努族传统木偶尼波波[ニポポ]，我很喜欢爸爸做的发饰，爸爸一直戴在身上的手表也是木雕的，很棒哦！表带的部分是用橡皮筋将几块四方形小木头串起来的。

我的手很不灵巧，完全做不来。自己雕刻的东西就是狐狸、猫头鹰或熊之类的。这都是在学校学的简单东西。只是在木板上画出图形，然后刻出来而已。不是立体雕刻。我们中学有平均一周一次“木雕教室”的课程，父亲会来教室教导大家，举手问老师问题时，老师还对我说过：“去问你爸爸吧。”

爸爸现在也加入了阿伊努人的历史讲述单位，在附近饭店回答观光客的问题。我也去听过一次。但是平常生活其实并不会特别意识到自己身为阿伊努人这件事。虽然从小就要学阿伊努语，或是试着吹阿伊努口琴，但是几乎没有听与说的机会。

现在的工作会在一些地方有公演，也有人曾到爱知的世界博览会“爱·地球博”中表演过，我希望自己有一天也能像那样参加公演。

家族巡回

一边推着婴儿车，一边在建筑物周围散步，大概过了三十分钟，擦身而过的人们都一脸“你在这里干嘛？”的表情。也是啦，应该没有人在工厂内带着婴儿散步吧。

我到位于北海道带广市的“六花亭制菓”甜点工厂去打扰，已经是至今约五年以前、女儿还是两岁时候的事了。也就是我们的采访都是以夫妇两人加女儿的“家族巡回”方式进行。带着孩子这一点，总是要先对采访对象们致歉。如果对方接受了“请让我们拍摄便当”的奇异要求，就全家出动到采访者的公司去。虽然大家都温和地接受了，但一开始的确还是颇引人侧目。

那一天，我推着好不容易入睡的女儿，站在树荫下休息。我一边吃着六花亭企划部门的S先生给我的派，一边看着手表，十二点四十分，我突然开始焦急了起来。老公在哪里？到底在干什么？带着孩子的采访，效率就够差了，拍摄当下我必须负责照顾女儿，采访时则换老公照顾，我们是这样约定好的，之前都这样克服问题。

那天早上便当的照片拍摄结束后，老公为了拍摄用餐场景而前往员工餐厅，前一天勘景时，“每个人都在吃着一整串的葡萄”。对于老公说的那个让员工吃到饱、让我很好奇的员工餐厅，因为在食品工厂内带着两岁孩子会给人家造成麻烦，所以我就放弃参观了。我之前听说员工中午休息时间是到十三点，午后还有工作，要受访者延长采访时间也很难吧。

十二点四十二分，企划部门的S先生出现在玄关向我挥手。“就是现在！”我推着婴儿车前去，就看到今天采访的对象浅井慎先生的身影。我把睡着了的女儿连同婴儿车放在鞋柜的角落，慌慌张张地和浅井先生见面。

“那么，”才稍微喘口气，就听到了“哇

……”震天响的哭叫，一转头，企划S先生死命地哄着女儿。抱着这个哭叫不停的女儿，剩余时间有限的采访还能继续下去吗？就在我绝望的时候，有一个穿着白衣服的人走过来，要我把女儿交给她抱，“真的很不好意思。”就在我对这个身材有点丰腴的女性满心感到抱歉的同时，这个“阿姨”回头了。居然是戴着白帽、穿着白衣的老公。

采访再度开始。因为需要可以看到婴儿车，所以我们把采访场所选在工厂的入口处，那里有以空气压力吹走灰尘的设备。每当有人通过，就会轰轰大响。“其实我……下午……完全没有利用过员工餐厅……下午……”

当天，好像身处于暴风雨之中，现在回想起来，真令人冷汗直流，也真是一次令人难忘的采访经验。就在采访结束准备回家，松了一口气的同时，有辆车载了些物品来到玄关，“握手，再见再见再见”听到了这样的歌声，我一回头，看到跟立在入口处的华丽铜像一一“握手”的女儿，着实吓了我一大跳。

希望答应接受我们采访的六花亭的大家不要感到后悔……回家的路上，我们不得不这么祈祷。“如果哪一天作品完成了，请一定要联络我们哦！我们会替你们宣传。”一边回想着S先生的话，一边接着往下一个采访地阿寒湖前进。北海道十天，往东再往北的八人采访之旅，现在才刚开始。

我想女儿小时候还真的给受访者们添了不少麻烦，真是抱歉哪。现在看到帮忙拿着告示板和行李的已经长大的女儿，也由衷地认为，这样的采访过程也促成了我们一家人的成长呢。

17

Minami Ito

17

伊藤南

高中生

青森县青森市

“你吃饭的时候，总是津津有味的样子。”朋友老是这样对我说。“哪有！”我一般都会这样回答，但是其实这时候应该要回答：“对啊！很好吃哦！”才对。

做便当的人是我妈妈，我觉得比起做菜，妈妈更喜欢吃，所以才会去追求做出好吃的料理。她在大学和文化中心教韵律，总是在早上快来不及上班的六点五十分起床，花个二十到三十分钟替我和爸爸做便当与早餐。手脚很利落。今天早上也是一边说：“啊！没时间了。”一边做菜。

有时候，妈妈会在前一天晚上问：“明天的便当想吃些什么呢？”我回答：”炸鸡好了。”爸爸就会回答：“鱼。”意见完全不同，这样一来就会变成准备配合两个人喜好的便当。如果主菜是鱼，我的便当就会多放维也纳香肠。但我其实不太挑，便当里放什么菜都可以。今天带的腌渍胡萝卜和又甜又辣的煮香菇都很好吃。

吃便当的时候我会和朋友吵吵闹闹地聊天，大家都是带家人做的便当，或是买面包来吃，但有一个人是男朋友替她做的。那个男朋友除了我同学的便当以外，还替自己与自己的两个男性友人做便当，也就是一次要做四份便当。很厉害吧。因为不同班，所以我并没有一次看过四个便当，但是我同学的便当里一定会放一样菜——菠菜。说是因为我朋友感觉有些贫血，所以要特别注意。这不是“爱妻便当”而是“爱夫便当”了。虽然也还不是丈夫啦。

白天我都会好好吃饭，但是晚上就会有时吃、有时不吃。古典芭蕾课在晚上九点结束的话就会吃，如果过了十点才结束就不会吃了。会努力忍耐着。

现在为了公演死命地上课，学校课程结束后，每天都要上芭蕾舞课。青森县立美术馆展示着夏加尔所绘制、名为 Aleok 的舞台布景画，这次我就是要在这幅画前跳舞。只要一上芭蕾舞课，我就会忘记肚子饿，一停下来就会想起：“啊！饿死了。”

其实是妈妈自己想要学芭蕾舞，“不用包尿布后就带来上课吧！”听人家这样说的妈妈，将当时才三岁，真的才刚不用包尿布的我，带到芭蕾舞教室。学的是芭蕾舞和爵士舞两种，因为从小就开始学了，觉得现在放弃好像有点可惜，所以就这么一直学下去，也慢慢感受到跳舞的乐趣了。我有时候也会想：“好想参加学校社团哦！”好羡慕大家可以穿着相同的运动服大声加油。但是，现在我打算朝着舞蹈之路前进，具体的目标会在进大学后决定。

今天是星期 ，不用上舞蹈课，可以和家人一起吃晚餐。

18
Kenjo Ohki

18

大树玄承

天台宗书写山圆教寺

执行长

兵库县姬路市

这个便当盒我从小学时就开始使用了。那时的冬天早上，我要负责收集大家的便当，拿到工友阿姨那里，她会替我们放到灶上蒸。吃完午餐后，值日生会负责将装在大茶壶里的茶倒到便当盖上，因为很烫，所以我会将茶水移至饭已经吃完的便当盒中，等到冷一点就可以喝了。我一直觉得便当盖就是用来装热茶水的工具。

四年级开始吃营养午餐后，老妈就会用这个便当盒做寒天冻，便当盒底会有菜刀刮出的一堆痕迹，就是这个原因。现在我还是用这个便当盒，要内人把便当装满，总有种难以形容的感觉。念小学二年级的儿子也是每天带内人做的便当。

小时候多半吃鱼肉香肠、玉子烧、芋头或是豆子等，跟班上同学没两样的食物，但我这个人就是爱出风头，老是忍不住想做点什么事。有一天，我看到同学带牛奶来，我心想：“对了！”然后就带 KIRIN LEMON 来上学，透明的瓶子看起来就很帅气。“哇塞！”大家一阵骚动，我当时得意到不行了。但是，我却没有开罐器，虽然后来特别跑到工务室借，但是吃完便当后，肚子却痛了起来，那时候才是小学生而已，一脸铁青地喝饮料，非常痛苦。

平常我什么都吃，因为我认为“全部吃光，化为自己的力量，才是对做料理的人最大的报答”，所以都会注意一粒米也不会留下来。吃完饭后，也会在饭碗里倒入热茶喝掉。吃便当时也会在最后倒入茶水。小学时也是一样哦，这样对于洗便当盒的人来说，也会稍微比较好洗一点。

修行的时候就是吃素。有时候也会带用炸豆腐代替肉做成的咖喱饭，咖喱是味道重的食物，最后在便当盒中倒入茶水喝下，会被香辛料呛到。所以，我会特别准备福神酱菜，不是用来直接吃的，而是最后用酱菜，把餐盘擦拭干净。

我的父亲是现在圆教寺的第一百四十世住持，我的祖父也是住持。他们两人对我来说都是非常伟大的存在，他们也从来没有对我说过：“你一定要当和尚！”大学时期，我的头发甚至还曾经留到肩膀。但后来，我的好朋友过世了，我与已离开乡下的他的父亲见面，我当时心想，不是亲生父子不会理解这其中的心情。对我来说，那次可以算是一个机会让我去面对死亡。现在我每天都会剃头，也趁此机会反省。“今天虽然没有把和尚的工作做得尽善尽美，但明天还是要好好做下去。”

19
Yoshie Sunahata

19

沙畑好江

音乐艺能集团「鼓童」

太鼓鼓手

新潟县佐渡岛

青椒、西红柿、洋葱和莴苣，只要是装到便当里头的蔬菜，每个都是“吃得下口的食物”。我家后面有个“大本间先生”，很会种水果，在院子里栽种的桃子等水果都很专业。前面则住着“小本间先生”，很会种蔬菜，莴苣之类的就直接种在花盆上，每次排练结束后回家，家里的玄关前都是大把大把的蔬菜水果，都是大小两个本间先生的好意，就好像古老传说中的“笠地藏”一样。

我两年前结婚时，夫妻两人下定决心“从今天开始都要带便当！”我老公也是“鼓童”的太鼓鼓手。有时候也会看着排练行程，说：“今天太累了，没什么食欲，就带三明治吧。”没空的时候也会把照烧鸡肉放在饭上面，直接带照烧鸡肉盖饭。有时也觉得“好麻烦哦！”因为一次要准备两个人的便当。但是如果把它想成是轮班准备便当的话，就不会觉得有什么大不了的了。

“鼓童”从日本全国各地聚集了许多工作人员和鼓手，采用的是住宿制的共同生活方式，连准备餐点都是轮班制。每五人为一组，人多的时候甚至要替四十到五十个人做饭，我们一直到结婚前都是住宿生活，无论白天或晚上都要轮班煮饭。一快到公演时间，就更累人了。白天排练时间很紧迫的话，就要趁前一天晚上把蔬菜的皮削好，甚至要预先煮好，有时候会忽然觉得整天老是在想着吃饭的事情呢。可能是因为习惯了那时的煮菜分量，现在自己煮菜常常会煮太多。

我从东京到佐渡来也有十年时间了，在高中三年级，每个人都拼了命地念书准备考试时，我渡过大海，在这冷冰冰的校舍中接受两天一夜的测验，至今仍令我难忘。录取后两年间我就在这木造校舍中以鼓童的身份度过。早上，做体操、打扫、轮班煮饭、大家一起吃饭。还有农务、狂言以及佐渡的传统技艺讲习。练习歌唱和舞蹈也是研习生时代的事。要学习各种事物，忙到几乎没有时间可以打太鼓。老公是研习所小我一年的学弟，个性随和又爽朗，帮助我很多哦！现在，站在同一个舞台上，果然还是会很在意他呢。不知不觉就会关注他……

看起来好像有夫妻一起吃便当的时间，其实没有哦！今年我们两个的行程完全错开，像现在这样可以一起生活的日子，也是在他从两个月的欧洲巡回回国后才开始的。但是，今年十一月我预定在英国编舞家阿克拉姆汗 [Akram Khan] 的公演上表演太鼓和民谣，又要分开了。这次是我第一次离开鼓童的团体生活，独自到英国去，是项新挑战呢。

那段时间他的便当就可以想象了，一定是每天纳豆配白饭，在这之前，我一个人在家时也是这样吃的。

20

Takahiro Suzuki

20

铃木高博

海上自卫队下总航空基地

飞机机械师

千叶县柏市

无论是妻子或我做的便当，人家都会羡慕地说："好棒哦！有爱妻便当吃。"结婚三年，我的烹饪技术也越来越好了，学会煮菜，是由于妻子怀孕期间孕吐严重，工作后没有力气可以准备晚餐。除了晚餐，两个人的便当也是我准备的。虽然一开始很悲惨，但试着做做看后会发现其实很有趣。妻子是邻队的机械师，由于现在有一个七个月大的孩子，目前在休育婴假。孩子晚上哭闹得很凶，三个小时就要起床一次，非常辛苦。

顺带一提，昨天的晚餐是姜烧猪肉、卷心菜丝、凉拌豆腐、味噌汤和白饭。味噌汤是我自己做的，姜烧猪肉虽然也是我做的，但是我老是抓不好放姜的时机，妻子不太高兴，所以说"等一下我来弄"。毕竟我还不成气候嘛。我好像就是欠缺对料理的敏感度，女儿的辅食，我做的都是准备工作。"那个拿来"、"这个拿去"像这样被吆喝着。我也要负责煮饭，负责喂号啕大哭的女儿的人是妻子。

我的双亲在静冈务农，夏天有西瓜、哈密瓜，冬天则是卷心菜、白萝卜，会以当季蔬果入菜。今天便当里的南瓜也是老家送来的，务农是一年到头都忙个不停，因为目睹了这样的辛苦，所以孩提时代一点都不期待便当的内容，但是一打开便当，看到缤纷的色彩，还有章鱼热狗，虽然还是个孩子，但那时就觉得好厉害哦！还能用海苔写字。"用功"、"笨蛋"之类的。因为我也不是什么乖小孩。

因为家里务农，到了暑假就要到田里帮忙。看着飞过头上的飞机，"好帅啊！"心里非常羡慕。家里附近是航空自卫队滨松基地，所以看得到战斗机练习哦！当时就梦想成为机械师，但是除了专业培养和健康以外，还要有出众的素质。但有时候我看自己，好像也没有这些条件。开蓝色喷气战斗机很帅，但开那个得特技飞行，我，应该会脚软。

那个时候知道海上自卫队也有可以搭乘飞机的跑道，觉得有些意外。其实海上自卫队也有船只、潜水艇以及飞机。而海上自卫队的飞机则可以搭载出各式任务的士兵十名。

只是，我也很想当技师。小学的时候，还曾经把耕耘机弄坏，被家父大骂一顿。现在则动手修理自己最爱的飞机。我很满意了。

我常常和妻子聊起工作的事。每天说着，"引擎有点怪怪的"、"要不要把那边的零件换掉？"之类的。每天听着这些对话的女儿，以后会做些什么呢？

21

Seiichiro Kobayashi

21

小林诚一郎

Keep 协会清泉旅馆

职员

山梨县北社市

被牛踩到的脚，现在还很痛。刚才哈多巴士[はとバス]旅游的客人在农场体验挤牛奶，今天很热、虫子又多，巴士迟到了，牛也会觉得焦躁不堪吧，于是就一脚踩到我脚上。我拼命忍耐，照惯例问孩子们："咖啡色的泽西牛会挤出什么颜色的牛奶呢？"正挤着牛奶，结果换手时被蜜蜂蜇了。

我其实可以只挥着旗子替客人领路就好了，因为主要工作是营销和清泉旅馆的柜台业务，但因为个人偏好，所以就换上连身工作服，自告奋勇挤起牛奶来。

我到这里工作也有二十年的时间了，担任过咖啡厅、露营场和自然教室等各部门的工作。东京出身的我，孩提时代是在足立区长大的，那一带当时甚至还有牛在漫步，周围都是田。小学后面有一块新兴住宅区，那里是叫"爸爸"和"妈妈"的世界，但我们这些住在学校前侧长屋的人则是叫"老爸"和"老妈"，是很典型的下町生活。那里是"桌子"，这里就是"矮桌"。如果说起点心，那里是蛋糕，这里就是仙贝了。就连便当那边都是很时髦的意大利面，这里则是大锅饭，盖着海苔，配菜则是前一天晚上的炸肉排再煮过。现在想想虽然回味无穷，但当时却觉得很丢脸。我老是羡慕新兴住宅区孩子的便当里有章鱼热狗和苹果兔子，还曾经画给妈妈看。"妈妈，做这个给我吃啦！"上了初中、高中，这次换妈妈做的特大饭团出风头了。"不够吃啦！做三个给我吃。"我这样说，其实是要分给朋友吃。我家不是用小饭碗而是用海碗豪爽做出大饭团，一口咬下去，天妇罗油渣和梅干之类的各种材料都会出现，实在非常有趣。

从我爱吃大饭团就可以知道，我是典型的"饭食主义者"。只是，这里有面包工厂，有时候也会拿到好吃的英国面包，所以也常做三明治。今天早上，我一边煎着蛋，另一只平底锅则煎着沾满太白粉的马铃薯，面包则在烤面包机上烤。我以前还在咖啡厅工作时常这么做。每天早上起床、散步前就先马上设定煮咖啡，天气好的日子就到森林里散步，很悠闲吧。也会让人兴起"吟诗作对"的心情呢。

今天的马铃薯是前一天晚上煮好的，大概是前一天事先准备好，早上处理起来就很快了。只是，常被人说我好像做太多了点，所以才没有人要嫁给我。

无论被牛踩到脚也好，或是被蜜蜂蜇也好，我都还是笑眯眯的，但是一拍照面部就会突然僵硬，真是没有办法啊。

22

Atsuko Tsuda

22

津田敦子

Romi-Unie Confiture

果酱制作员

神奈川县镰仓市

搭江之电吧！今天早上忽然这样想。休假日，盘算着当天要做些什么时，特别想搭乘江之电，然后在镰仓下车，随处晃来晃去。当时因为想买果酱就走到这里，然后看到“诚征工作人员”。我记得当时还在附近的咖啡厅稍微考虑了一阵子。虽然那时我在面包和蛋糕的店铺里负责做蛋糕，但当时的我身心俱疲。于是便下定了决心，离开咖啡厅后，就到这里来应征，“请让我在这里工作。”而这已经是一年前的事情了。

现在，我每天都搭着最爱的江之电通勤上班，从吉祥寺越过藤泽，来帮忙的妈妈一边眺望着窗外的景色，一边说道：“妈妈觉得那座山看起来像富士山，敦子觉得呢？”的确是富士山。虽然只是在像是半歪斜的老旧建筑物的二楼，但是格子拉门的对面有块铺着木地板的空间，随处一卧就能看到富士山，算是工作之外很棒的附赠品吧。

这次稍微问了妈妈便当的事情。“幼儿园的时候有带过水煮蛋做成的兔子，那个怎么做的？”或是“以前有在饭团上画男生或女生的脸，对吧？”但是妈妈完全不记得了。因为我当时就站在厨房做菜的妈妈旁边，所以全都记得。我看到哥哥和姐姐的便当，还羡慕得不得了：“好想赶快成为中学生哦！”妈妈不是把晚餐的剩菜剩饭装到便当盒里，而是如果晚上吃炸猪排，就会将猪排沾好面包粉，隔天一早再炸。也会在早上才炖煮或热炒料理，所以每天早上一起床，我总会闻到厨房传来的香味。

开始读中学的春天，因为爸爸工作的关系从广岛搬到福冈，虽然家里老是因为调职而搬家，但是只有那次对着爸爸生气：“这样我不就吃不到妈妈替我带的便当了！”因为搬家后我读的中学是营养午餐制，所以当时大受打击。后来，一心期盼的便当生活，终于在高中实现了。

现在我也很爱吃便当，从一个人生活起，几乎每天都会替自己带便当。最近我热衷做卷了海苔的玉子烧，加了炒黑豆以及黄米的饭。我老是用手机传便当的照片给远在福冈的姐姐，姐姐也要负责做姐夫的便当，会回信问我便当的做法。但是，做法就没有照片了。“姐姐的配色不好，所以就不传照片给你了。”姐姐也很热爱料理呢。

搬到这里后，蔬菜就在镰仓的市场买，一开始吃到绿色花椰菜，觉得非常美味。而这里只卖当季蔬果，也让人深深感受到季节的更迭。虽然我没有吃过高级法国料理，但我觉得在吃到真正美味的食物时，一定能让人产生“好吃”的感觉。吃这件事，我是从小就每天累积训练的哦！最近忽然有这样的感触，真的是要好好感谢妈妈呢。

23

Naruyuki Uchimura

23

内村成幸

三濑隧道收费处

收费员

佐贺县佐贺市

今天是早班，早上十一点的休息时间会先吃第一个便当，傍晚五点则会吃第二个。我一直都是带两个便当上班。无论是菜色或是大小都完全一模一样，白饭上撒上紫菜鱼松。

因为某些原因，我和妻子正在分居，现在我和上大学的两个女儿以及老妈一起生活，所以一直是自己做便当。差不多花三十分钟就可以做好了。固定菜色的玉子烧就是我的最爱吧，女儿们也说过喜欢这道菜。我只在鸡蛋里面加了酱油和砂糖，口味咸咸甜甜的哦。因为老妈黎明前就得到馒头加工厂工作，早上不在家，因此早餐我负责，晚餐老妈负责。自然地分摊工作，也能过日子。

妻子大概是在两个女儿们上高中的时候和我们分开的，那时候很不得了。也给工作单位添了不少麻烦。当时，开往高中的巴士是早上六点二十分发车，我们家距离巴士站大概有五公里的距离，所以每天一定得开车送女儿们到巴士站。而我的工作做一整天可以休息两天，是三天轮班制，虽然也还过得去，但那时候需要老妈过来帮忙，真的没办法时，也要请住在附近的表弟帮忙接送。有时候，工作休息时也会回家。晚班的时候，早上五点到七点是休息时间，我就会趁这两个小时回家一趟，替两个女儿做便当，送女儿到巴士站后再回去上班。

那时候，女儿的便当也是我做的，但也不是什么多厉害的菜色啦。因为都是烧肉或是热炒之类的料理，大女儿好像不太喜欢吃，所以常买东西吃。相比之下，小女儿就每天带便当。一方面是有在踢足球，另一方面也是因为我的便当还不错吧。现在我已经不用替女儿们做便当了，孩子们现在也自己会开车了。

不工作的日子我都在家种田。田地是共同经营的观光栗园，平常购物也是我自己去哦。因为很爱打撞球机，所以我有时候也会到佐贺，差不多打到傍晚左右。学生时代，就是拿每个月五千元的零用钱，在撞球机店里赚生活费。现在也是哦。家人大概知道吧，但不能公开玩。赠品就不拿回家了，而是拿到公司。

今天好不容易才能偷闲休息，但其实等一下要一直工作到明天早上。交通量少的深夜时分，我会一边动脑做数独来打发时间，虽然做点体操之类的比较好，但地方太小了。问我吃了第一个便当后，肚子会不会饿？打盹前我会再吃碗泡面，这是这里的常备食品。

24

Shoji Akimoto

24

秋元正次

「钓不上来」钓鱼场

经营者

栃木县那须郡

“怎么取这种名字？”常有人这样问我，但人们只要听“钓不上来钓鱼场”这个名字一次，就不会忘记吧？这里开幕前，我自己先试钓，发现还真的一条都钓不上来。我就在鱼池那里写着这个钓鱼场钓不到鱼，结果逗得大家哈哈大笑，所以就决定用这个当钓鱼场的名字。

我原本打算经营养鱼场，四十岁的时候辞掉国铁的工作回老家，和老婆节子一面经营烤鱼店。在等待时机的时候，将养鱼场改成了钓鱼场。这里，全都是我自己一手建造的，借了挖土机挖的坑，也得到了许多回收的木材，建造了一间小屋，这都是得到大家的帮助才能完成的。

啊！这里有青蛙哦！虽然现在见到青蛙仍然会尖叫着退避三舍，但过去说到肉，就是青蛙和蛇。会把青蛙串起来放在地炉中烤，“吃了可以治尿床，快吃！”哥哥让我吃，“这是我的青蛙？”我这样一问，哥哥就会回答:“对啦！”我那时候吓得哭惨了。在我很小的时候，父母忙农活时，就会把青蛙和我一起放到货台上，让我在里面自己一个人玩一天，青蛙的脚用稻秆绑起来，逃也逃不掉，青蛙肚碰到我的脸时，我就会大叫。但是大哭大嚷着不吃青蛙只有在很小的时候，因为其实青蛙肉是非常美味的。

那个时候，鸡蛋是很贵重的东西。在白饭上打入生鸡蛋时，后面通常都有好几个人等着，如果咕噜地一口吃掉，我就会挨骂，“正次，你这家伙！”我是九个兄弟中的小儿子，所以有吃过汉堡和饺子之类的食物，对小郁的妈妈替我做的便当感到很惊讶。我到东京任职于国铁时，晚上在东京经济大学夜间部上课，由此认识了一个叫郁文的朋友。“来我家玩吧！”他这样对我说，就让我留宿在他家。

小郁的妈妈离了婚，一边在书报摊工作，一边支撑整个家庭，总是为了二十四小时轮班工作的我准备白天和晚上的便当。小郁妈妈做的料理，肉类的分量很大，每一种都有很鲜明的口味。

我家节子做的便当应该是以蔬菜为主的温柔口味吧。稍微把食材做点处理就好了。这座钓鱼场开始营业的头三年真的非常辛苦，节子的便当可以抚慰我的心。节子现在负责管烤鱼店，是个“可靠的老妈”，所以我才能做自己喜欢做的事。

事实上，大概两年前节子的身体状况开始变差，现在正在家里疗养。所以已经不替我做便当了，而是我自己把菜装在盘子里带来。现在自己做起来，也别有一番情趣。

那须高原的秋元先生 

“便当”是丈夫想到的题目。他在大学笔记本上贴满了许多报纸剪贴，预先构想要采访哪些人，要怎么拍摄时，我也只是个单纯的旁观者而已。有一天他对我说：“我要试拍，准备一个便当吧。”我简单做了一个便当，两个人到家附近的石神井公园去时，我也只是在一旁帮忙而已。“好热哦！”“腰好痛，好烦哦！”也因为肚子里怀着女儿，所以在试拍期间任性地说了一些话。

某个转机是二○○四年一月份，采访枥木县的秋元正次先生，在我们采访的稍早之前，电视节目才刚提到秋元先生的钓鱼场。“这个人的便当应该蛮有看头的”开始想象起秋元先生个性的老公，也将他记入笔记中的候选人之一。日后，和他取得联系时，“好啊！”秋元先生很干脆地就接受了我们的采访。那时候，生活重心主要都是带小孩的我，非常想要外出走走。一有机会，就会要老公带着我到外面摄影旅行。

拍完照后，我们移动到秋元先生的妻子节子女士所负责的“秋元烤鱼”进行访问。“我小时候有很多孩子的便当里都会带纳豆哦，男孩子都会很恶作剧地把纳豆牵的丝黏到女孩子的脸上，很过分吧。”回忆起便当话题的秋元先生，脸上出现恶作剧孩子般的表情，但同时眼眶也湿润了起来。每次说出来的小故事都很有趣，我当时边听边想，一定要把这些都写出来。便当这种东西，真是不可思议，沉睡在我内心深处的某个东西，此时忽然觉醒。但是，当时才刚开始学步的一岁女儿，无法这样乖乖待着，总是哭着要往外走。最后，

因为我总要在女儿后面追着跑，所以没办法完整地采访秋元先生，总觉得一直错过了聆听的机会。

开始在《翼之王国》连载后，我们一直想一定要让秋元先生出现在版面上，这次要好好地听他说话。通知第二次采访时，给秋元先生添了很大的麻烦，但他却很乐意。“好啊！好啊！”和当初一样满口答应。“节子身体状况变差，饭菜没有放在便当盒里，我把饭菜放在盘子上吃，这样可以吗？”

三年半前，还吃着节子女士装了姜烧猪肉、玉子烧和炖煮白萝卜便当的秋元先生，这次则将儿子做的白萝卜沙拉、冷冻汉堡肉装在大盘子上，等着我们。不变的是，他那令人怀念的笑脸。秋元先生一边说着对便当的回忆，一边细细品味那些话：“如果担心明天，就没办法踏出第一步。要为每一天感到开心，至于要开心些什么，都在自己脑中，自己想想吧。爷爷我，就是抱持着这样的心态。”节子女士是癌症晚期，为了节子女士可以在家里静养，秋元先生变成要自己料理三餐。在采访过后四个月，我们接到秋元先生的明信片，知道了节子女士过世的消息。我们将印刷后的杂志寄送过去时，很可惜，节子女士已经看不到了。

虽然采访只有一天的时间，但我与这些一起度过了《便当时间》的人们的关系，却不断持续着。二〇一〇年正月，我收到了秋元先生寄来的贺年卡，照片里的他紧紧抱着受访后出生的孙子，笑容灿烂。

25

Makoto Nakano

25

中野诚

美山茅葺株式会社

铺茅草屋顶职人

京都府南丹市

务农、豆腐店、酿酒。我到底想做些什么呢？由于我对水很敏感，只要水质一改变，身体状况就会变差，所以反复思量下，才好不容易想到用美山的水酿酒或做豆腐。只是，和其他人商量后，却没有一个人支持。在我迷惘不已的时候，去了英国一趟，那时候参观了科兹沃 [Cotswolds] 民宅的茅草屋顶，当时我让他们看了美山的照片，“好棒的地方！”他们惊叹道。

我土生土长的美山町北村落，是个茅草屋顶户户相连的“乡下地方”，虽然这在过去被认为是没有价值的石头，但其实是钻石的原石。到英国后，我因为发现到这点，所以二十二岁就拜专业铺茅草屋顶的职人为师。

就在平顺过日子时，幸运之神降临了。以我的状况，经历五年学艺和一年的实习后，就能顺利以师傅的身份独立。和我内人相遇也是在这个时期。她一直从事与音乐有关的工作，为了研究“音景”[soundscape] 来到美山。铺茅草屋顶这件事从绳文时代开始就不曾改变过，连道具也一样，声音也没变。切割芒草的声音、敲打的声音等等。她出声叫了刚好正在屋顶上工作的我，当时我就稍微有点动了心。

今天的便当是内人做的。她连酱汁都会认真地自己熬煮，是个很重视吃的人。倒入充足红酒的牛肉汤非常好吃，只是我记得当初刚结婚就马上吃到她做的这道菜，“这什么味道？”那时候觉得味道简直像水一样淡。现在我的舌头也糊涂了，结婚后，我也变了很多。

我家的田种出来的白萝卜像胡萝卜一样又硬又细，熬煮起来大概三天也煮不烂。但因为我们不拔杂草也不用农药，所以我觉得也许本来白萝卜就是这样吧，因为有野生的实力，现在才会那么美味。

因缘际会，让我有机会继承这栋两百年的茅草建筑。也有人对我说“有山有田，好想买下来”但不是钱的问题，在乡下守护土地是最重要的，我认为是这片土地的神明相信我。现在也是我自己来负责修复工作。这是一个背山，前面有小河流过的朝南房子。过去的房子就连风向也全都会考虑进去呢。我认为茅草屋顶的房子能够提高生命力之类的，我想要让三个还小的孩子，汲取这个家拥有的能量，健康地养大他们。

我在美山四十岁左右的继承人中，算是幸运儿。但是我觉得即使小小的火花都好，接下来一定要有点什么作为。我的父母虽然也曾经这么想过，但最后却打消了念头，就这样毫无作为地死去，是很可惜的。所以，我成立了公司，看着年轻一代成长，是比什么都令人高兴的事。

26

26

大平照文

大步危峡正中间段

游览船船夫

德岛县三好市

今天的客人算少了，黄金周的时候连上面的停车场都停满了车。那时，我就会和肚皮打个商量，找空闲时间吃便当。在这个景点，我已经很有经验了，所以不会有错过吃饭时间的事情发生。

开船已经有二十五个年头，在这之前是在同一家公司的路边餐馆工作，“你要不要来做做看船夫？”人家这样问我，就觉得可以试试看。结果一做就做到现在。现在也还是会觉得大河好可怕哦，因为对手是大自然，所以人类也无法对抗。

比较可怕的是台风季节。老板只要打电话来说：“好像很严重哦！”这时候，即使是半夜也要马上到现场，急急忙忙把停车场的货物什么的往高处堆放。过去也曾经因为来不及而发生过一些事，因为水一下子涨上来，那个时候真的是吓死人了。

这里的河流很湍急，小时候大人还对我说：“不可以到河那里去。”也许，那时候的河比现在还深呢。厉害的孩子可以和河流合而为一地自在游泳，但稍微有一点差错就无法挽回了。“御盆之月[农历七月]不可以下河哦！”大人也曾经这样说过，说会被拖下去。过去的人总是有各种传言，说好像有看不到的魂魄。我小时候也曾经脚卡在岩缝里，虽然不太深，也不恐怖，但附近的大姐姐把我拉起来后大叫：“哇！看到骨头了。”当时我的膝盖以下受伤了，里头的骨头露出来。但却没有流一点血，也完全不痛。这种经验真是不可思议。

这里是山里，地势并不平坦，我的父母从事的不是农业，父亲是到山里工作，母亲也外出上工。高中时，我是搭电车到池田町上学的，而那里有很多店铺，有时候我会买面包回家哦。但这样一来，就会挨父亲狠狠一顿骂：“家里有很多白米，为什么要特别买面包来吃？”

因此，我就跟母亲学习研磨白米的方法，跟着父亲学做杂菜粥。在山上工作时，有两到三个月的时间都要自己做饭，所以才要做杂菜粥。

后来，我从学校放学，总是自己做杂菜粥来吃，因为大致上是以罐头等东西为材料，所以只是把家里的罐头适量加进去，然后加点酱油调味而已。但是不知道为什么，还挺好吃的。

我不会跟老婆讲有关食物的事情，但我不喜欢吃的东西，就不会出现在便当里，而且我觉得吃便当就不要太挑。这份工作让我白天的时间不太规律，所以便当就视自己当时的状况吃就好了。吃一点，休息一下，之后再吃之类的。

27

Haruka Sato

27

佐藤晴香

FM IRUKA电台

主持人

北海道函馆市

每次在转播车里吃便当，就偶尔会有人从外面偷看，或是对我挥手。如此一来，吃饭时就一定得从车上下来跟大家打招呼。当然也有人说过：“广播中听起来伶牙俐齿，但事实上是个很普通的大姐姐嘛！”所以我其实并没有所谓的“吃便当的时间”。

星期一到星期四的白天，我会搭着转播车“海豚号”绕着函馆市跑。有空时还会停在立待岬和啄木公园，一边看着大海，一边享受便当时光。海风吹来，感觉好舒服。便当是我自己做的哦！因为我一个人住，如果觉得太麻烦，就会只捏饭团当作便当。配料种类很多，有时也会加入玉子烧。一起工作的笹小姐小声地说：“今天你的饭团里包的是烧卖，对吧？”她有在注意呢。笹小姐从进公司之后就每天带妈妈做的便当。当我看到她一边说“怎么给我带我不喜欢吃的东西”，一边吃便当时，就会有种怀念的感觉。

高中时，妈妈替我做的便当一直都是炸速冻乌贼，因为我不太喜欢吃，所以还记得那时候讲过“我不要吃那个啦”。话虽如此，妈妈却完全没听进去，隔天、再隔天都依然如故。会有这么强烈的印象大概是因为我那一年都一直带炸乌贼。“我不给你带便当了”，当时很怕妈妈这么说，所以其实也不太敢强烈表达不满。那一阵子，对食物的好恶也很多，忽然变得什么都吃大概是拜大学时代，在东北地方的宿舍生活了两年之赐。

宿舍的伙食是由一个将近八十岁的宿舍爷爷负责的，不知道是不是伙食费太少的关系，连这件事也是老爷爷负责。大概是为了在退宿的那天可以把省下来的钱还给学生。但与其这样，其实学生们真正希望的是可以吃到好东西……说到炸肉排，我会想到火腿排，肉汤则要加入羊肉碎。当时的墙壁上还会贴着“请勿添太多[饭]”的纸。一人一份是基本量。到了圣诞节会特别端出鸡肉。老爷爷要一个人准备七十人份的带骨鸡腿肉，从中午就开始烤，到晚上让大家大快朵颐。而老爷爷也很自豪大家的鸡腿都是他一个人烤的。味道先暂且不谈，能和朋友一起吃饭的经历非常特别。从此之后，对于食物我就不会嫌东嫌西了。老爷爷替大家做的菜是我人生中很重要的回忆。

以前不太吃的虾和西葫芦，现在也吃了。也许就是因为有当初那段生活经验，才会有今天的便当。啊，是啊。都是托老爷爷的福。

28

Kenichi Mizuguchi

28

水口宪一

JA鹤冈

副部长

山形县鹤冈市

如果问我便当里装什么会特别高兴的话，我会说是梅子干。我便当里的东西几乎都不会有什么变化。我很喜欢好好品尝食材本身的滋味，所以，也特别喜欢吃梅子干。梅子干这玩意儿，小小的、干干的、硬硬的，有各种面貌。但是骨子里却和外表不一样，果肉内的种子很大啦、非常酸啦，或是意外地饱满啦等等，可以享受外表和味道不同的乐趣。我最喜欢像这样充满想象力地吃东西了。

我常常从很多人那里拿到梅子干，这个玩意儿有一种家的味道。这个是那边的老奶奶腌的，那个则是今年妈妈腌的吧，之类的，像这样一边想象一边品尝。

另外，你知道怎么煮出好吃的米饭吗？晚上先设定好电饭锅的时间，早上让电饭锅自己煮好虽然也是个不错的方式，但是一年一次亲手煮饭也不错哦。在前一天晚上把米洗好，用报纸包好后放进冰箱冷藏库中，因为包覆物是报纸，所以白米可以充分地呼吸，接下来试着在隔天早上煮，就会变得特别松软，是会让人吓一跳的松软哦。所谓的白米其实就是一颗颗种子，非常有生命力。比起人类的一生，种子更能全神贯注地活下去。

我们是要聊什么？便当。我家孩子的妈会说："不要替我洗便当盒！"这样一来，她就能清楚掌握我的饮食方式，其实是为了我的身体着想。反正，我是不会剩下任何一粒米饭。有将近九年的时间，白天她多半会给我带饭团。我的工作外出的机会不少，所以不太能悠闲地慢慢用餐。在饭团上涂上味噌、包上山形叶[腌青菜]后烤过的"弁庆饭"和鳟鱼子[或鲑鱼子]饭团。我最爱这味道。

我的话，每天餐桌上的菜色也不一定都要很丰富，只要有一条鱼就够了。

还有，佃煮[日式炖菜]。孟宗竹笋佃煮，非常美味。你知道吗？将煮过的竹笋用手剥开，这个过程很重要。然后将剥开后的竹笋用酱油熬煮，这道菜非常适合配啤酒。冷冻后会呈果冻状，不会完全变硬。所以可以用保鲜盒分成小块状冷冻。将孟宗竹笋汤冷冻起来哦，我研究过这玩意儿。一般的汤汁冷冻后都会变得不太好吃，这时候味噌的分量就是关键了，我是失败了好几次，才抓到制作诀窍的。

我很喜欢做各种研究，炸山菜时只要在前端沾上粉就好，如果整株菜全都沾上了，山菜的水分就会一下子流失。因为是用高温瞬间油炸的嘛！

好像有点说个不停呢！讲这些可以吗？真是辛苦你们了呢。

29

Yoshiko Komoda

29

小茂田良子

老奶奶

群马县桐生市

因为我不是很喜欢照相，所以其实一直都拒绝呢。我真是个顽固的老奶奶啊，所以请你们见谅哪。

我在京都的木屋町度过孩提时代。附近因为有鸭川流过，所以小时候还会在河边玩耍。好像在我出生后不久，父亲就去世了，母亲一个人无法抚养我，所以就马上把我送给没有孩子的夫妇抚养。我的养父会画画，说是画画，其实是那个，替西阵织[日本传统工艺]画图样，每天都要画和服上的图样，家里也有几个入门弟子。

当时我过着很时髦的生活，温柔的爸爸常常会带我到西餐厅去吃蛋包饭啦、牛肉饭啦。说到京都，就会想到寿喜烧吧。有时候也会在锅里放一大堆肉，然后开火煎煮，接着放进去刚采下来的松茸，做成寿喜烧。奢侈？现在看起来好像是这样，但是之前我们家的山上出产松茸吧，那时候还是孩子，也不是很清楚。

也因为这样，寿喜烧啊，我常吃呢，非常喜欢。今天的便当也是牛肉甜咸调味的寿喜烧哦！这是住在前桥的女儿做给我的，女儿每周一次将料理装在塑料盒子里，带着来看我，非常感谢呢。反正已经这把年纪了，什么都吃一点点就好了。

对了、对了，我们继续来谈谈以前的事情吧。我的父亲太过沉迷于享乐，后来就离婚了。离开家里的母亲，就这样在群马县桐生市一个人过日子。桐生也很盛行纺织，我们一直有联络。我则留在京都生活，后来在府立第一高等女校上学，很热衷百人一首[日本和歌集]啦、花礼啦、麻将游戏啦，是个很悠闲的女学生。因为家里的事，有女佣打理。但是，后来父亲很快就过世了，母亲就来把我接走。接着，我就一直在桐生生活。很怀念京都呢，小时候常常去玩，但是现在即使想去也没办法去了，变成什么样了？好想看看哪。

如果要拍照，我这身衣服可以吧？我老是穿着一样的衣服哦！冬天会穿着大概五件毛衣，但每件都是大概五十年前买的哦！虽然我女儿老是对我说："妈，不要穿这些了。"但是，衣服又没有坏。我什么都会留起来，就好像古董店一样。贴在墙壁上的年历，也是平成五年时候的，是我那口子去世的那一年。因为我够不着，没办法换，而且银行给的年历，每年的图案都差不多，也没有比较漂亮的，所以没关系。这么说来，不知道有几次了呢。日子跟这年历一样的年月。只要碰到这种时候，这份年历还是很方便哪。

人到了这把年纪，就不会有特别想吃的东西，也不会有想要的东西了。女儿们买给我的衣服，不想穿的我就没有穿。因为，不适合我嘛！

30

Sora Kataoka

THOMAS
PERCY
TERENCE
BERTIE
HAROLD
© 2004 Gullane (Thomas) Limited
© 2004 Gullane (Thomas) Limited

30

片冈大空

［妈妈·优子小姐代言］

幼儿园小朋友

群马县安中市

孩子，都很喜欢便当呢。我们家就连在家也会吃便当“野餐”。“在外面吃饭不太好吧……”就连最近风大的日子也一样可以“野餐”。“妈妈，你在捏饭团的时候，我去找照得到太阳的地方哦！”孩子这样说。然后我们就带着玉子烧、热狗和当作餐后点心的香蕉，背上水壶，大家一起出发去野餐。大空还有他妹妹以及我三个人，虽然只是在家里走路而已，但只要有人说：“我们在花圃这里吃便当吧。”大家就会到外面把盆栽搬进来，排在屋里。将塑料布铺在地板上，大喊：“我要开动啦！”非常有趣哦。

平常，我们就会坐在某处的路旁，大家一起吃点心。妙义山的山麓是个很悠闲的地方，散步的时候，经过亲戚的田边，“来拔一根白萝卜回家吧”，就会有人给我蔬菜。白萝卜和菠菜都很甜，刚摘采的蔬菜真的很好吃。“今天来煮猪肉汤吧！”每次我这么说的时候，大空都会替我切白萝卜和红萝卜。“妈妈，让我来！”大空这样说完，就会拿起菜刀切菜。

虽然住在乡下，但是幼儿园因为提倡“山川保育”，所以每个季节都会带着孩子们去爬有野生猿猴的山。那一天替孩子带的便当就只有饭团，而水壶里装的一定是开水。

有时候，幼儿园还会出题目哦！前些日子是，“请思考一下带便当这件事”。在联络单上写着“请带如果忘在山上，也不会污染山的便当。请亲子一起试着思考一下什么是‘即使动物们吃了，也不会受伤害的食物’”。大空说：“动物吃了，会吓一跳的便当吗？”我又跟他说明了一次，最后决定“在柚子皮里装饭团”。

其实我们家在吃伊予柑的时候，因为总觉得特别拿盘子来装很麻烦，所以都是直接放在剥下来的皮上面，当初好像就是想到这个点子，才联想到装饭团的柚子。到了登山保育日当天，我们就将柚子果肉挖空，然后在里面塞入饭团，而且还很煞有介事地盖上盖子哦。“应该可以骗得了大家吧？”两个人兴致勃勃，但是后来回家的大空，什么话都没有说，这孩子好像比较喜欢同学带去的“牛奶盒做的鳄鱼”。

大空很喜欢幼儿园哦！好像上得很高兴。前几天，终于轮到自己带着鸡蛋回家。幼儿园会每天让学生轮流带园里饲养的鸡下的鸡蛋回家，用彩色纸包着，装在布丁盒里，再用塑料袋装着，很慎重地拿回来。因为等不及隔天做便当菜用，所以当天就马上把鸡蛋拿来做成蛋糕了。

31

Jin Akutagawa

31

芥川 仁

摄影师

宫崎县宫崎市

今天早上发生了一点骚动。只有今天没有带平常用的便当盒，而是把便当菜放在塑料盒里。因为觉得这样做有点无聊，所以那时候说："这样我不知道怎么吃！"老婆惊讶地反问："为什么？"老婆慌张地说："你告诉我后，我还特别帮你带了鲑鱼耶！"对她来说，努力做的便当就是加入一片鲑鱼。我平常用的便当盒因为忘记在事务所的暗房里，所以这个是老婆的便当盒。

以前几乎每天都可以吃到老婆做的便当，但现在是偶尔了。结婚时，得接受各种工作委托，来赚采访费和生活费。当初因为想要拍照，所以大学毕业后也没有上班，偶尔才有一些出版社的摄影工作委托。那时候还曾经在伊豆大岛生活过，工作则是当混泥土职人的助手，都是按日支付工资。这个职人真的是个怪人，到工作现场时，只要雨滴落在挡风玻璃上，就马上转头开回家，然后说："今天的工作结束了！"不下车都不行。

当时的房租虽然只要两瓶烧酒，但是我就连这个都拖欠，当然也买不起米。老婆那时候就把马铃薯削皮，与面包粉混合，用平底锅煎一煎，说是汉堡肉，做给当时还小的孩子们吃。孩子们还说："妈妈，汉堡肉好好吃哦！"真服了他们。有没有听过"发条过热"？真的很需要钱的时候，在脑袋里面想自己希望的事情，脑袋里的发条就会烧起来。你应该没听过吧。

我满脑子只有摄影。从伊豆大岛移往水俣，拍摄水俣病，然后回到宫崎，拍摄土吕久的矿毒公害。我住在宫崎，就是因为时常关照我的编辑在那里。

领日薪工作的那段时间所带的便当菜全都不记得了，就是某个冬天的记忆而已。我只记得当时就是冷掉的饭塞满便当盒而已。

便当这种东西可以反映出做便当的人的个性。我老妈做出来的便当就好像能拉出一条线一样，和别人的便当一比，就马上知道我说的是什么意思。因为我觉得我家的便当特别严肃拘谨。小学时，每次我一打开便当盒，同学就会跑过来说："跟我交换！"想吃我的玉子烧。"芥川的玉子烧只用蛋黄煎耶！"他们这样说。其实没有这回事了，只是因为老妈做事一丝不苟，所以会很仔细地打蛋，然后一层一层薄薄地叠了好几层后才卷起来，看起来全是黄色没有白色。

我老婆做的玉子烧不但白白的地方一大堆，还会有一点烧焦，而且还塞满整个便当盒。想让我胖一点啦！我每天早餐吃的面包也都配合她的肠胃，越来越厚，今天早上也因为这件事吵架。

32

Keita Ikemura

32

池村敬太

高中生

冲绳县伊良部岛

我家院子里种了芒果和香蕉。那是爸爸在十年前种的芒果树，一棵大概会结三十颗芒果，家里人都很高兴。

我是四个兄弟里的老二，爸爸做的是修理船只引擎的工作，大概每半年才会回家一次。平常都是住在船上，我爷爷是渔夫。你有听过“赶鱼进网”吗？这是一种伊良部岛传统的赶鱼捕鱼法，渔夫们会在深十二米左右的海底张开渔网，绑在岩石上，然后用绑了须须的棒子追赶鱼群进渔网里。“赶鱼进网”这种捕鱼方式会抓到双带乌尾鮗。之前，我曾经在电视上看到介绍这种捕鱼法，但我自己还没有现场看过爷爷捕鱼。因为他每天早上起很早，大概四点以前就会出门了。丰收的日子就会举办宴会。老爷爷们聊的都是战争结束后岛上的事情和他们小时候的回忆。因为每次讲的都一样，所以我从没有很认真听。

今天吃完便当后就要到体育馆集合，这是我高中生活最后一次球技大会。男生在体育馆玩五人制足球，女生则在校园玩足球。因为我是学生会会长，所以得在开幕的时候致词。每次有活动，总是会先想下要讲什么，但是正式开始就会忘光，脑中一片空白。

我的便当很好吃哦！昨天晚上，我还跟妈妈说：“就跟平常一样就好了。”但是妈妈还是说：“我试试看能不能做得更好吃哦！”便当几乎每天都会有苦瓜炒什锦，弟弟因为不喜欢吃苦瓜，所以苦瓜炒什锦都是我带。今天带的烧卖也是我很爱吃的。

毕业后，我打算去冲绳本岛，上专门学校，学习料理烹饪。将来想要开一家自己的店，最好是那种有人大排长龙的店。因为我自己很爱吃和食，算是个和食主义者吧。我打算先在那霸开店，然后再回到伊良部开店。冲绳本岛是我目前为止去过最远的地方，啊！不是。我中学的毕业旅行有去过长崎和熊本。我从没想过要到都市，因为我说的是方言，但冲绳本岛说的话也和这个方言不一样。我觉得上专门学校后，可能就没办法在那里和朋友聊天了。

就我们岛上的方言，“BAN”是“自己”的意思；“DAIZU UMUSSU”表示“非常快乐”。之前我们班做的班服上面则是写了“AGUDUSU”，意思是“好朋友”。虽然平常不会用这个词汇，但是不知道谁提议写这个，后来就用了。我自己很不擅长应付人多的场合，所以这座岛屿的状况对我来说刚刚好。看到“渡口的海滨”或“佐和田的海滨”，就会觉得，这里真是漂亮啊！

离岛的校长先生 

“到伊良部岛，不知道怎么样？”

来拍摄离岛高中生的便当如何？翻开地图时，老公这样说。虽然知道伊良部岛这个名称，但也没有办法马上知道位置。我们一个一个盯着冲绳本岛西南部的岛屿群看，终于在宫古岛旁边发现一个小小的黑点。也不知道是哪里来的消息，“伊良部高中一定是带便当的！”老公说道。

打电话过去，伊良部高中的副校长接了电话，“校长现在正在接待访客中，稍后会把你们的话传达给他，不过我想没什么问题。”通常，在相关材料寄过去前就得到这样的响应，几乎是不可能的。更何况，还是学校。通常都要办一堆手续和说明，各种流程非常繁杂，让人很泄劲。而这通电话就宛如从电话那头吹过来一阵温暖的南风，一开始就对我们展开双臂欢迎的就是冲绳县立伊良部高校。

采访前一天的傍晚，我们到学校去，听说那时候有职员会议，所以想在会议前跟校长打声招呼。结果玉津校长却不在乎地说：“没关系，会议中离开也无妨。”这真是让我们吓了一跳。“之前提到过的杂志采访，不是《裸之王国》而是《翼之王国》哦！欢迎阿部家族来采访。”主持会议的与座副校长炒热会议气氛，借此介绍我们给职员们认识。这样的机会很难得，老师们的眼神也特别热情。

刊登在《翼之王国》杂志中的除了三年级生池村敬太的便当外，我们还采访了护理教师厚子老师。采访在保健室进行，一到休息时间，学生们就会来这里量体重和身高。身高比昨天高了一点、矮了一点，男学生们喧哗玩闹着。厚子老师跟某个孩子说了一些话，男孩就把衬衫塞到裤子里，“这个学校的学生，稍微提醒一下就会马上

改正！”即使为了要帅而把衬衫拉出来，但是只要一被老师提醒，就会连忙说“好”，把衬衫塞回去。我惊讶于这些嘿嘿地爽朗笑着的朴实男孩。

在采访厚子老师时，急忙跑来的玉津校长问：“你们的午餐怎么解决？”我们答：“可能到外面随便吃。”接着，校长的眼睛闪耀着光辉，“其实我们之前采摘的东西已经事先做成汤冷冻起来了哦！”好像事先已经计划好似的。保健室瞬间化作餐厅，玉津校长、与座副校长、办公室的某位女士以及厚子老师在桌前集合，桌上是烹饪老师为我们做的炒林投嫩芽和饭团。和林投嫩芽一起炒的茄子与青椒都是玉津校长在家庭菜园种植的。校长那天不知道为什么，头发被风吹得乱乱的，还挂了一片叶子，正觉得不可思议时，才知道校长是为了在这盘热炒的菜里加点什么，就自己趴在校园里，拔那些自然生长的杂草来入菜。食材，真是无处不在啊。

那天谈的都是岛上的食物、便当的回忆，以及学生们的小故事。我们就在享受这些吃起来有点苦，口感像竹笋的林投嫩芽中，度过了最幸福的时光。采访结束后，一起站在走廊上的玉津校长和与座副校长挥着手送行的同时，我们不假思索地说：“以后会再来！”但事实上，老师们每隔数年就会替换一次，我们很清楚身为外人的我们应该不可能再到这里来了。话虽如此，我们还是想“以后再回来看看”。

回家的渡船上，我们一边眺望着奶油苏打色的大海，一边回想起池村敬太的话：“即使到冲绳本岛，也还要再回到伊良部岛来。”因为这里有张开双臂等待着自己的人，好棒呀！在保健室遇到的孩子们，也一定会说出跟敬太一样的话吧。

33

Akihiro Teramoto

33

寺本显博

南阿苏铁路

火车驾驶员

熊本县阿苏部

说到便当的回忆，我有一个很惊人的故事可以说。对我来说很有冲击性，它还有名字，我叫它“培根的回忆”。中学时，同学便当里有培根。在这之前吃到的培根都是鲸鱼肉，又薄又辣，滑不溜丢的。有天看到同学便当中包在芦笋上的培根时，好奇地问：“这是什么东西？有不是鲸鱼肉做的培根吗？”回家后我马上跟妈妈报告。“妈妈，有用猪肉做的培根耶！给我吃啦！”后来，我的便当里也出现猪肉培根了，虽然我之前也吃过其他做法的猪肉，但培根就是全新的经验。

不要看我这样，我高中时代可是个摇滚少年，很为大门乐队、滚石乐队之类的乐队着迷。上国立电波高校之后，虽然朋友决定到通信企业上班，但我却向大家宣布“打算去自卫队”。因为我可是摇滚少年啊！心想那里应该可以有点什么特殊的发展，那时刚好正逢横井庄一和小野田宽郎从南方岛屿回归日本的时候。只是，我其实并没有航空自卫队所要求的那股精神，所以就回来了，然后游手好闲了一阵子，用现在的话来说就是“飞特族”啦！就在我觉得烦心、不知所措的时候，就进入了旧国铁机关，真是谢天谢地啊。

一开始开的是EL，也就是卧铺车或货车。后面连接的车厢因为没有动力，所以要靠前面的列车拖拉。EL不容易停下来，从刹车开始到全部的车厢都停住，要花将近一分钟的时间，刚开始的我都是满手朴是汗地死命握着操作杆。我在想，我应该常常把睡着的乘客给吵醒吧。我在开卧铺列车“老鹰号”的时候，用后照镜一看，可以看到全部的车厢。那个时候我就会有种“自己真是个了不起的驾驶员”的感觉。

到南阿苏铁路是今年四月的事。我总是带两个便当出门，中午吃一个便当，晚餐到附近的拉面店饱餐一顿，隔天早上再吃另一个便当。一个礼拜有一半的时间得过夜，所以家里都会替我准备两个便当。因为今天是儿子的运动会，所以我的便当菜色才跟着丰盛起来。儿子是中学三年级的学生，跟我一样，一张嘴很会说，但是手脚就不太灵活。因为是父子嘛！

下次有机会再见面的时候，我请你们吃培根。我对培根有特别的情感，是我自己做的哦。我用盐腌渍火腿，然后把盐水倒干净。“又在做浪费的事了”，虽然常被这样叨念，但是这个沥盐的过程可是相当重要。接着再放到冰箱冷藏库干燥后，取出熏制。整个过程大概要花上一周的时间。火腿是用那个，西蒙和加芬克尔［Simon & Garfunkel］的《斯卡布罗集市》［*Scarborough fair*］歌曲中唱到的“罗勒、鼠尾草、迷迭香和百里香”全都加进去，所以我叫他“斯卡布罗集市培根”。做好的那一天晚上，就会煎培根，配着啤酒吃。然后，也可以加到汤里，或加到炒饭里也不错。可以有很多有趣的做法。因为要花一个礼拜来制作，所以要提早预约哦！

34
Fumika Kikuchi

34

菊池史香

马路村农协

宣传人员

高知县安芸郡

我记得妈妈总是分秒必争地赶着装便当，大概是小学或中学时候的事情了。话虽如此，我还是常常把便当忘在家里，然后再折回家拿。其实，我以前不太喜欢吃便当，因为我不是很爱吃冷掉的饭菜，而且汤汁容易溢出来，一打开书包，里面全都是便当的味道。同学的便当都很可爱，我的却一点也没有可爱的感觉。

我妈妈是保健师，所以对食物有很强烈的执拗，她认为只要有不自然的颜色就是一种“毒”。黄色的腌萝卜或红色的热狗，绝对不能吃下肚，所以，我的便当总是很朴素。现在想想，妈妈可以这样每天帮我做便当，也很厉害了。

我出生于同属高知县的中村，是一处位于四万十川附近的小村落，那一带属于河川文化，而马路村这里则是山地文化，完全不一样。这里沿着安田川一带的所有人家，全都紧紧相邻，包括一般农家、温泉旅馆或是柚子工厂。除此之外，全都是山地，很不可思议的地方吧。虽然这个乡下地方很棒，但是一年里也会遭个一两次的小偷。有时候情况紧急时，住周围的人们也会互相提醒。

去年从东京的大学毕业后，就这样开始在山中生活。完全不需要适应的过程，马上就习惯了。我租了一处有六间屋子的旧房子，一个人过日子。隔壁的阿姨很照顾我，“要不要吃天妇罗？”她常常带着料理或蔬菜过来，帮了我很大的忙。这里的晚上很安静哦，只有猎犬汪汪叫的声音和山中传来的回音。

秋天是这里的打猎季节。虽然提到马路村，大多数人都会联想到柚子，但柚子的叶子是鹿很爱吃的食物，每到抓到鹿的日子，猎人们会在安田川畔肢解鹿身给村民看哦！他们将鹿吊在木棒上，剃毛、剥皮，而且是很顺手地一下子就剥下来哦！像这样的事情，在这里很稀松平常，但去年刚来的时候，真的吓了一大跳。原来现在还有这样的人们存在啊！

我现在的工作大概以一个月一次的频率在发报。把柚子加工厂的商品送到全国各地时，也会希望能宣传“马路村”，所以就会同时附上报纸。

马路村的广告宣传海报，常常会刊登当地的孩子们的照片，看起来有点顽皮，但给好评的人也不少。虽然也有人觉得好像看起来都没什么精神”，针对这一点，真是不好意思，原本应该是要让大家满怀期待地来到马路村，但无论是孩子们或是其他村民们，其实不是时时刻刻都很亲切、精神奕奕的，所以我希望大家可以理解这个地方真正的样貌哦！在这里的日子，真是刺激又有趣。

35

Tetsuharu Kitamura

35

北村哲治

岛根县仁多郡

仁多郡林业合作社

技术作业员

早上才发现的。咦？今天是结婚纪念日啊，完全没有任何感觉。去年我和老婆两个人有一起到松江吃饭。

我们到现在都还会一起庆祝，虽然孩子都生两个了，也会庆祝儿女的生日。还记得是女儿小学开学典礼那天的傍晚母牛生了小牛，我家从我爸妈那时候就一直养牛、种稻米，这个月底，预计又会有一只小牛出生。

牛通常都是在不知不觉间就自己生下小牛，但之前曾经发生过难产，那头牛是第一次生产。那时候我们正参加开学典礼后的家长聚会，电话一来，我们就赶回家了。回家后，看到牛棚里母牛焦躁不安地团团转，我们猜测也许母牛生不出来，于是叫来兽医，最后四个大人合力抓住小牛的脚，把它拉了出来。

我家有三头能够配种的牛，一旦生了小牛，就会养到大概八个月大，然后将那头小牛卖掉。有时刚好正值种稻季节，小牛就会变成“顽皮鬼”，跑到稻田里去，狼吞虎咽地吃着稻穗。那时就需要用绳子绑起来。

我们还养了短腿鸡哦！数量增增减减，要知道正确的数量稍微有点困难，大概有十只。它们会生蛋，我们不会吃它们。因为都是放任它们在庭院里走来走去，它们都是在自己喜欢的地方下蛋，所以不太容易找到。有时候在牛的饲料箱或是玄关的鞋柜上，也会听到“啾啾”叫，才知道原来那里有小鸡孵出来了。

晚上，短腿鸡会在牛棚里的木架上休息，但有时候会出现吵吵闹闹的声音，多半就是黄鼠狼或老鼠潜入。在这个季节，就连燕子也会到房子里筑巢，偷袭燕子巢的青蛇也会沿着天花板爬行。有时也会出现在楼梯，吓死人了。

今天一直碎碎念个不停，吃得比较慢，但平常我吃饭只要花五分钟哦！一开始先喝一口味噌汤，接着就会吃饭、吃配菜、吃饭、吃配菜这样一口接着一口，最后再把味噌汤喝光。接着就是睡午觉。现在一起工作的两个同伴已经在车子里呼呼大睡了。

等一下卡车就会进来把堆积的圆木运走，那些都是我们在这里砍下来的木材。有时几乎一整天都要操作重型机械，夏天真的很吃力，会累到连饭都吃不下的地步。这个保温瓶是冬天用的，但夏天我会用来装味噌汤，然后再把面放进去，这种素面和饭团便当都是我老婆替我准备的。

啊！话说回来，要怎么办？今天刚好是结婚十周年纪念。送花？不行啦！我老婆会喷嚏连发啦！

36

Tama Kikuch

36

菊池 玉

岩手县远野市

传说故事员

便当盒被腐蚀，都是因为里面放了腌梅子。大家不是都会在便当同一个地方放腌梅子干吗？盖子上就会慢慢出现一个圆圆的凹洞。真的哦！我们小时候，每个人的黄色铝制便当盒上，都会有个凹洞，因为那时大家都只带一颗腌梅子。

那个时候，一到冬天就会在炉子上放便当盒！做体操时，大家会在礼堂集合，大概只留两个人在教室，负责看火。这个时候，负责看火的人就会偷偷打开便当盒的盖子偷看便当里的菜，然后把人家的玉子烧吃掉，再塞入味噌来代替。我以前也被别人吃掉过便当里的菜。不过，虽然大家都知道是谁负责看火的，但却也没有怀疑过，因为大家都一样饿啊。

说到便当，我嫁人后每天早上要做八个便当，上班的公公、大哥、我先生和弟弟，其他还有念书的弟弟、妹妹，加上我。这是个十二个人的大家族，八人份的便当，就得特别来做。在炭炉上放上烤网烤鱼，其他腌渍品和醋渍品则是必备配菜。以前，无论是茄子或白菜都会做成醋渍品，然后每天吃。磨米、泡茶和做便当，家里的女眷们得分工合作。那时候早上得早起，晚上要到十二点左右才能洗澡，所以几乎没怎么睡。我是排到第二十八位洗澡的，你没有听错，真的是第二十八。分家的人到了晚上也会来家里泡澡。因为我是次男的媳妇，所以排在最后。冬天因为很冷，我会用睡衣把冻伤的脚包起来。这时会有人在外面大叫："水变温了，赶快烧柴火！"那个时候洗的是用大铁锅烧水的"五右卫门风吕"。我会从二楼的自己房间下楼来，而长辈们则窝在一楼的暖桌里。如果柴火烧起来，这次就会变成大叫："好烫！"后来家里买了电视，大家都挤在电视前东看西看，就很少有人会泡澡了。十年后终于分家独立出去，我就跟我家老头子说："从今以后，我都要第一个泡澡！"

难以置信？唉，现在已经是喀吱一声转开开关就能烧水的年代了，我们从小就一直工作个不停，在木板上放上豆子，然后挑出被虫蛀的，这时候爷爷就会讲当年的故事，听着故事，工作也会继续下去。我脑袋里的传说故事应该就是这段时期听到的吧，然后我现在再把这些故事讲给客人听。

因为今天说要拍照，所以便当里的菜比平常多一点，反正现在是冬天，客人也不太多，值日的这天就会一个人吃便当。我总是带腌渍菜和鱼就可以了，我也带了你的份哦！你的。我想，我们可以一起吃便当。

37

Takahiro Ishizawa

37

石泽孝浩

IDEHA 代表

滑雪旅行导游

山形县西村山郡

做这个便当的时候我老婆的心情一定很好，不然平常都是泡面加饭团。如果有放玉子烧，就会让人稍微觉得开心一点。因为待的地方是下雪的山地，所以如果要温暖身体，泡面就是很重要的宝物。粽子是妈妈做的，有行程的时候，我会带很多粽子在身上，分给大家吃。

虽然位于山形市内，但周围被高山环绕，所以让这里变成“陆地上的孤岛”。一刻不得闲的小孩们，早上五点起床，上学前都会先到河里钓鲑鱼，等到放学了，再到山里探险。小时候的冬天，我会穿着长靴沙沙沙地在雪地里行走然后滑雪。带着狗，越过山。回想起来，我冬天老是在冻伤的状态中呢！家人会替我涂上熊的油脂，或是爷爷拿烟头靠近我的脚，当然没有烫到我，只是为了给我取暖。大我五岁的哥哥和爸爸相当适应野外生活，一起去钓鱼的时候，他们两个也不会待在我身边，而是跳到河里去徒手抓鸭子。他们告诉我：“孝浩你还小，在这里待着。”我就只能待在船上眼睁睁地看着。“好好哦！我也想去抓鸭子。”还有哥哥把田里的西瓜放到河里被爸爸骂的时候，我也记得。看到了这种事的我，虽然知道不可以调皮捣蛋，但是却还是很羡慕，老是想着“我也要去冒险！”

然后就这样长大成人。独木舟和泛舟等户外运动全都体验过，也曾经从事过体育活动策划的工作，但最后还是来当滑雪旅行的导游，可能是因为孩提时代，我曾经到过深山里的关系吧。我平常在文具公司上班，只有周末假日才会做导游的工作。我想，现在这个状态，是最适合现在的我了，两方面都过得很充实。今天的滑雪路线是从月山到汤殿山，这里的月山滑雪场每年四月都会开放滑雪缆车，但是我们滑的是没有缆车的路段，爬上去要三个钟头，下山则只要十五分钟。为了这一趟，死命都要往上爬。

我这健康的身体是托孩提时代每天喝山羊奶的福，一直到我高中毕业，家里都养山羊。奶奶会用香浓的山羊奶做布丁和冰淇淋给我吃，很好吃哦！身体不舒服的时候会炖芋头吃，山形县的小学生都会炖芋头。只要有这些东西，我就没问题，身体健康万事如意。

很感谢我老婆！因为滑雪季的时候，我几乎是全年无休，把照顾两个小孩的责任全都丢在她一个人身上。而她当初知道这种情况，还愿意嫁给我。

38

Jaime Reban Jones

SWISS GOURMET BAKERY

38

雅伊梅·瑞本·琼斯

英语口语讲师

东京都新宿区

Couscous [摩洛哥菜] 因为做起来很简单，所以我常做。加入大蒜、辣椒和姜黄是烹调重点。你要不要吃一口看看？我很喜欢蔬菜和糙米炒在一起的感觉，我觉得吃米一定要吃糙米，不但有很充足的饱腹感，而且也很健康吧。我最喜欢糙米的味道了。

今天是在上三个小时的课后，直接在这里吃便当，一个人一边看报纸一边吃。只是，我不会全部都吃光，而是会留下半个便当的分量，然后搭电车到下一个上课地点。上课对象是小朋友。然后会再换一次上课地点，进行下一个课程。星期三有点忙碌，所有课程结束回到家已经很晚了，这时会把剩下的便当吃完。

我的老家是加拿大的萨斯喀彻温省，念的小学和中学没有营养午餐也没有自助餐，但是我也没有带便当到学校的习惯，而是回家吃午饭，然后再回学校上课。因为我家是单亲家庭，所以妈妈平常时间得上班，午休时间我会到保姆家里去。家里父母上班的小孩都是这样，所以我们会好几个人一起到同一个保姆家去。

我小学时曾经六度转学和搬家，都是为了午餐问题。会当保姆的人多半都是家庭主妇，要准备自己孩子的餐点，就这样顺便关照其他孩子，但是这样的人也很少能持续好几年，每次保姆辞职，就得找下一个保姆。很遗憾的是，因为没办法在同一个学区找到保姆，所以知道哪里有保姆，我们就会配合搬到附近去。

那时候吃的东西也算不上健康，虽然也有个保姆会替我们准备蔬菜棒和酱汁，但我印象中也只有她而已。多半没有蔬菜，而是法国面包、奶酪通心粉，或是三明治这类东西。还有的保姆会直接带我去麦当劳吃饭，孩子们最喜欢了，虽然我现在已经不太吃，但当看到麦当劳的标志，内心还是会有一种扑通扑通的怀念感，过去生日或特别日子的记忆就会再次涌上心头。

上了中学，我就会自己做菜了，所以保姆的问题也算是解决了。我最常做的是肉酱意大利面或是西红柿意大利面之类的……哎呀！我怎么老想一些肉料理啊？现在我不吃肉了，也几乎不吃糖。一点也不痛苦哦！我只是因为感受到身体的反应，就自然而然出现这样的演变，现在身体也非常健康。

我原本是个热爱政治的人，常跟人们谈论政治和战争话题，但我最近热衷的话题是："吃什么食物对身体好？"、"吃什么食物对身体不好？"食物话题会让人快乐得不得了。我想，我来到日本后，改变了不少吧。

那么，在上课开始前，我可以吃一点便当吗？因为今天连吃早餐的时间都没有呢！

39

Shoichi Suzuki

39

铃木昭一

末广酿酒

福岛县会津若松市

我从家里到上班的地点车程大概要三十分钟。我家周围都是高山哦！可以说是跟熊一起生活。所以，稍微再往深山里走，简直是山菜的宝库。今天带的是香椿芽天妇罗和味噌款冬。

不、不，不是我做的。是我妻子做的，但是只要到了外面，也就是出了家门，就是我表现的时候了。我会做些什么呢？我会在海边捏寿司，或是烤饼干什么的。一般都是炒面之类的啦，或是烧肉之类的。都在海边或是河边等地方。

我会在市场买鱼，然后在海边豪爽地切鱼，再握成寿司。也会做点中华料理的冷盘，做这道料理要用很多冰块，很麻烦的。饼干会一开始就烤，把鸡蛋打在塑料袋中与面粉充分混合就可以了，反正我有户外用烤箱，一切没问题。

为什么要烤饼干？因为大家都殷切期盼着呀！“那是什么？”周围的人们都会吓一跳，然后我会把东西递到眼睛睁得大大的人们面前，“来！尝一块。”分给大家吃。我也曾经把在山上摘来的山菜炸成天妇罗，那个也颇受好评。啊！大家也都很吃惊。

你问我便当的回忆吗？那时候很穷，海苔很贵，所以饭上面放的都是紫苏叶。不是海苔便当，而是紫苏便当。然而如果有带佃煮或是鸡蛋之类的，那就是高级便当了。热狗之类的虽然现在不会特别想吃，但是以前也吃过。而有钱人的便当内容就不一样，我的都没什么色彩又没什么料，有钱人的便当则是颜色缤纷又配菜丰富。有钱人的便当会放鲑鱼，我的便当则是烤鳟鱼。

那时候吃的东西，就是蔬菜和豆子，就只有吃这个而已。如果有肉，就是鸡肉了。因为鸡是自家养的，所以特别的日子就会杀来吃，真的是在很特别的日子才吃。像猪肉或牛肉之类的，可是一次都没吃过。

点心的话就是味噌饭团了。季节一到，厨房里就会垂挂着好多粽子。哇！真是令人垂涎三尺，粽子就挂在那里，我们就一个两个地这样拿来吃。蘸粽子的黄豆粉也是我们自家做的。用来包粽子的竹叶，在那一带多得是。

以前都是这样，什么都自己做，腌梅干也跟现在不一样，以前的腌梅干又咸又酸，光看就会让人流口水，可以让人吃很多饭。现在即使看到腌梅干也没有这样的反应了。

我觉得食物很重要哦！如果在便当里放当季的料理，我最高兴！最近我戒吃蛋黄酱了，因为不想摄取多余的添加物，反正不吃也无所谓，我很习惯。

人们常对我说：“铃木先生虽然会讲些食物的话题，但其实最爱的是抽烟。”我听到这些话通常都会回答：“还好啦！那个是嗜好，不一样啦！”

馬車
新砂丘

后记

寄送贺年卡的对象每年都会一点一点地增加，我非常高兴。拍摄这个便当题目的第一个案例，是长野县户隐高原的星野先生，那时候女儿还在我肚子里。直至女儿都已经上小学一年级的现在，协助拍摄的人们已经多达一百一十三人。

每到年末，我就会一一回想拍摄点滴，写着贺年卡，我很享受这段时光。又回想起过去还在当上班族时的情况，浮现不好意思打开便当盒来吃的样子。我认为通过写明信片，也能推着我自己往前走。“有一天一定会出写真集或是办摄影展！”这样的说法其实有些空虚，想实现，也得花费相当的时间。随着岁月的更迭，我的内心也不禁焦虑了起来。正因为如此，我才要每年写贺年卡，用来振奋自己。“一定要坚持到可以向大家报告好消息的那一天。”

这段期间开始有“我看到《翼之王国》了哦！”这样的回应，或是用明信片捎来“我们结婚了！”的消息。也有人通知我们，转换跑道，从拍摄当时的工作地点离职，或是生了小孩等。“我相信梦想一定能成真哦！”当然我们也收到了这样的鼓励。

不可思议的是，通过便当，我和这些人开始了一段似有若无的关系。虽然作品还没有成形，但我却和这些协助拍摄的人们，通过某种温暖的事物相连接，

让我心情格外舒畅。也许，这就是便当的力量。

这本书能顺利出版，首先要感谢很干脆地答应接受我们采访的一百一十三名朋友，这次在书中出现的三十九名朋友中，也有因为采访时间经过了许久，而已经更换了工作单位的人，也承蒙他们答应我们以当时的状况刊载文字。

还有，我想也因为我们带着孩子去采访，而给这些朋友添了许多麻烦。针对这一点，希望各位见谅。

对于看到我们的作品，而对我们产生兴趣的木乐社的小黑一三先生，以及给予我们发表机会的《翼之王国》全日空宣传部，托大家的福，才能让《便当时间》有问世的机会。没有《翼之王国》就没有现在的我们，对于这一点我们满怀感恩之心。责任编辑沼尻贤治先生以及早野隼先生、营销策划部的野口修嗣先生以及版面设计的松平敏之先生、印刷厂的都甲美博先生，都很有耐心地接受我们的要求，对于能够完成这本书，我们在此由衷地致上最高的谢意。

阿部直美

为了人与书的相遇

便当时间 ②

おべんとうの時間

[日]阿部了 摄
阿部直美 文
游韵馨 译

广西师范大学出版社
·桂林·

2011
ふるさとごよみ
じゅんさいの里山本町

0:36

mont bell

61-11
TSD40改

目录

前 言

每次打开便当盖，
盖子上总是黏着饭粒。
一颗、
两颗、
三颗，
用筷子小心夹起，
真是好吃啊！
除了饭粒，盖子里有时也会黏着海苔、腌梅干、
鳕鱼子、美乃滋或西红柿意大利面。
每次掀开便当盒盖，
就像是在欣赏一出短篇连续剧。

我们不只看到了许多美味的便当，
也跟许多吃便当的人共度了“便当时间”。
虽然时光匆匆流逝，记忆却永恒留存，
时间仿佛静止在那一刻。
我们衷心感谢
能在那个时候遇到那些人，
相信未来有一天，
我们也会遇到坐在这些朋友对面
吃便当的好友们。

阿部了

1
Fuchie Hakamada

1

袴田渊江

采收莼菜

秋田县山本郡三种町

每年五月到九月割稻前的这段期间，我都会去阿部先生家的莼菜池帮忙采收莼菜。七月中旬之后，莼菜的产量就会愈来愈少，像现在过了中元节，只要拨开叶子就能看见池里的模样。我会依照大小，将莼菜分成 L 与 M 两种。在船头和船尾放两个篮子，大的放后面，小一点的放前面。不过，我的手老是够不到后面的篮子，最后就连 L 都丢进 M 的篮子里了。工作到下午五点结束，再骑摩托车回家，接着便立刻到田里拔草到六点半左右。就是因为这样，我才会弯腰驼背。我现在大概只有睡觉时，腰才会直挺挺的。

每逢莼菜产季，除了星期六之外，我一周要到莼菜池工作六天，如果有特别的事情要处理就会请假。别看我这样，我可是很忙的！我下次还要代表“阿嬷姊妹团”去能代市开会，我们打算在“JA 秋田山本”举办的农协市集上摆摊。“阿嬷姊妹团”是传统料理名人组成的团体，我的工作就是负责指挥各地区成员，像是跟峰滨地区的成员说下次要做南蛮拌菊花、跟琴丘的成员说要做炖马肉。我们很有默契，大家也都很配合，没有人跟我作对。“南蛮拌菊花”是峰滨地区的特色料理，将菊花和蘑菇切碎再拌入辣椒，让人一吃就辣到流泪。

阿嬷姊妹团今年 [2012 年] 已经迈入第十一年，我跟他们说我好想辞掉代表工作，但他们却告诉我：“这样会变痴呆，不行啦！”硬是不让我辞。每个人见到我，都紧紧抱着我不放，然后称赞我个性很风趣。去年阿嬷姊妹团成立十周年时，好多人送礼物给我们，于是我们所有团员就表演短剧《密瓜太郎》，惹得全场哄堂大笑。毕竟，我们山本的名产可是密瓜，当然要大力推销啊！我们家那口子走了之后，我必须当导演，不能演戏，所以我就跟团员说：“就算你们说错台词也没人知道，就是绝对不能笑场哦！”我们阿嬷姊妹团每个成员都相处得很融洽，每天过得很开心。对我来说，这是很重要的生存意义。

我觉得做菜是一件自然而然便学会的事。还记得爸爸曾经跟我说：“不管你想学什么，都要努力地偷学！”所以我每次都站在别人旁边，偷看别人做菜。炖鳕鱼干就是一道很难的料理。我家亲戚在卖鳕鱼干，对方却完全不肯透露鳕鱼干的煮法。有一次，有个亲戚家里盖房子，邀请所有人去他们家。做饭时，那个亲戚拜托家里卖鳕鱼干的亲戚炖鳕鱼干给大家吃，我一听到就默默地站在旁边，看着他做炖鳕鱼干。现在，炖鳕鱼干可是我的拿手好菜呢！而且我还教很多人怎么做。我的个性就是不藏私，我觉得不坦白就是说谎，因此，不论什么事都会与所有人分享。

每次采收莼菜时，我们一群人都会边工作，边分享做菜秘诀以及旅行趣事。一到早上十点与下午三点，阿部先生便会来叫我们休息。然后我们坐在船里，直接把腿伸出去，休息五分钟。虽然姿势很难看，但我们都不在意。就这样吃着阿部先生送来的点心、喝着冰水，休息时间一结束就互相激励：“再继续努力两小时吧！”完全不会拖拖拉拉，立刻投入工作里。结交一群好朋友，开开心心地生活，就是我每天充满活力的秘诀！

2

Toshimi Kudo

2

工藤敏美

公交车司机

岩手县八幡平市

我做公交车司机已经二十一个年头了。有时候，一天要来回两次八幡平到盛冈，有时候则像今天一样，驾驶复古牛头巴士，来往于松川温泉。之前我孙子就读的幼儿园到小岩井农场远足时，坐的刚好就是我驾驶的车，当时真的很开心！我很疼我的宝贝孙子们，就算被他们欺负也甘愿。

前往松川温泉的山路相当陡峭，积雪很深。每年冬天，从盛冈搭乘客运到八幡平的旅客，都会在八幡平皇家饭店前转乘复古牛头巴士。从一九六八年运行的复古牛头巴士，车内地板还保留着当时的模样，座椅也是破了又重铺。虽然车子马力不强，但四轮驱动开起来非常平稳。加上最近市铲雪很及时，开在路上也轻松许多；只不过若遇到下大雪时，一天就会降下一米的积雪。我曾经看到别人的车子卡在被风吹起的雪堆里，还去帮忙拉出来呢！

家里有四个兄弟，我排行老大，或许是受到长男必须继承家业的观念影响，父母从小就要我回乡接家业，所以我在大荣百货的家具卖场，卖了一阵子按摩椅之后，就回到八幡平市工作。后来，公司调我去郡山任职，在那里认识了在同一个办公室工作的妻子。我可以说是被食物骗走的，单身时期经常在外面吃饭，有一次我说："外面的东西我都吃腻了。"于是当时还只是同事的妻子问我："我有做便当，你要吃吗？"就这样爱上她了。

还是从小长大的故乡好啊！这里有从小玩在一起的伙伴，我以前念的大更小学共有 A、B、C 三个班级，是当地最大的小学。一到冬天，大家都会用煤炉热便当，然后整个教室就会充满萝卜干的香气。同学们都在交头接耳地问："今天谁带萝卜干？"以前的配菜只有腌渍酱菜而已，因此，即使知道带便当会熏得整个教室都是酱菜味，大家都还是会带。便当里放着白饭、萝卜干及厚煎蛋卷。厚煎蛋卷是以酱油调味，吃起来咸咸的。比起便当菜，当时所有同学最注意的还是学校发的牛奶。每一瓶牛奶的瓶盖上会有"岩手牛乳"的标志，而且每箱只有一两瓶的瓶盖标志比其他牛奶大上一圈，所有人为了抢那一两瓶牛奶，无不争先恐后地往前挤。现在回想起来，当时还真蠢呢！

我父亲也带便当。有东洋第一美名的松尾矿山就在上面的山头，我父亲在松尾矿业铁道担任矿车驾驶员，负责运送挖掘出来的硫黄。每次父亲要在山里过夜时，我就会带着母亲做好的便当，到车站给父亲，然后他就会问我要不要坐他开的矿车。人家都说龙生龙凤生凤，所以我也跟随父亲的脚步，成为一位驾驶员。

我的名字其实是父亲的艺名。他为自己取了一个艺名叫"椿敏美"。以前的娱乐就是村子召集村民，共同举办表演会。父亲常说，他当时负责教村子里的女性跳舞，还担任编舞老师。当年，松尾矿山经常有艺人来表演歌舞，慰劳大家的辛苦，可能是看久就学会了吧！我父亲有点搞笑，我也遗传到了他的个性。

3

Mr. Ukiuki

3

Mr. Ukiuki

街头艺人

大阪府堺市

以前曾经有个手相师跟我说："真有你的，找到这么适合你的工作！"其实我也是这么想。有个小学同学看到我现在这样，也对我说："你还是跟以前一样嘛！"因为小时候我为了成为"学校里的风云人物"，所以做了很多蠢事。

在成为街头艺人之前，我做过酒铺店员、在米店送米、门牌业务员等各种工作。我在推销门牌时，业绩是全公司最好的，还曾经临时起意要到"日本最偏僻的地方卖门牌"，于是就跑到北海道最北边去了。北海道的居民还很狐疑地问我："为什么要从大阪跑到这里来卖门牌？"我很擅长说话，只要一开口，就能让对方跟着我的话题走。

我今年四十四岁，在街头卖艺维生。"和歌山海滨城"里有主题公园，还有许多游客全家来玩，我每周都在这里表演。今天也是从大阪家里带着便当，开车过来。我太太负责在家带小孩，所以都是由她帮我做便当。不瞒你说，我太太以前也在街头表演走钢索；不过，如果我们两个都在街头表演，我现在就没有便当吃了。

五年前我们到澳洲蜜月旅行时，在飞机上没事做，我就拿太太带的书来看，那本书是安部司先生写的《恐怖的食品添加剂》。读完后让我大感惊讶，我无法想象在过去的人生里，吃下了多少食品添加剂。从那之后，我就非常注重自己的饮食。我的表演需要花费很大的心力，每逢夏天，只要表演一场就会有虚脱的感觉，所以吃什么真的很重要。我会尽量摄取天然食物，吃凉拌蔬菜时也不淋酱汁。我喜欢品尝食物的原味。今天的便当跟我平常吃的一模一样，里头有金平牛蒡及炖羊栖菜，这是我最常吃的菜。

我的女儿才一岁四个月大，太太每天照顾她其实很辛苦，所以每天晚上我一定会做一件事，就是带着已经洗好澡、吃完饭的女儿出去兜风。让女儿坐在自行车前面，不断唱着自己编的歌曲："汪汪汪，去看可爱的狗狗……"或是对着女儿说话："你今天做了什么事啊？""你想去看小爱还有小黑吗？""已经这么晚了，看不到了哟！"每次女儿都会在兜风的过程中睡着。到家之后，我就送女儿上床。这是太太每天的休息时光。送女儿上床后，才是我们夫妻俩的晚餐时间。

我从十八年前开始表演杂耍，每次只要拿出道具，就会有很多人好奇地停下来看，不用说话就能吸引人潮。现在有愈来愈多的街头艺人，一般民众也看惯了，所以想要吸引人潮停下来看，就必须打心理战。每次都要思考如何抓住游客说话的空当，吸引对方注意，还有衣服要穿什么颜色等等。我也知道自己的表演生涯可能无法持续太久，有些棒球选手引退后会担任球评，但在杂耍界只能由我们自己写历史。差不多是时候要思考未来的方向了，当我有了明确的目标且往目标迈进时，就是最快乐的时候。我很喜欢这样的自己。

4

Haruka Fujita

4

藤田春香

利尻花导览俱乐部

自然导览员

北海道·利尻岛

只要是阿纯捏的饭团，就会这么大一颗。他觉得在手里洒盐捏出来的饭团不够味，所以每次都是将盐拌入饭里，一边拌一边捏。里头包的是大家最爱吃的“味噌蛋”。料理长说，这个味噌蛋是奶奶亲自教她的厚煎蛋卷，在鸡蛋里加入味噌、味醂以及大量砂糖煎成。好棒哦！今天才咬第二口就吃到内馅了！

我服务的“利尻花导览俱乐部”，是专门带游客欣赏利尻岛内风景名胜的导览俱乐部。平时我们都昵称代表平泽先生为师傅、平泽太太为料理长。导览员除了我之外，还有阿纯、阿西，以及猫咪小圆。五人一猫一起生活着。

通常，料理长会先做好一些炖菜冰在冰箱里，早餐和午餐就各自热来吃。今天便当里带的炖羊栖菜以及炖山芹，都是料理长事先准备好的。我们的晚餐也很丰盛哦！有时候我都怀疑，这不是男校体育社团集训时才会有的菜色吗？咖喱饭和味噌拉面竟然同时出现在餐桌上，偶尔也会出现一个人吃六大块炸鸡的情形。重点是我还全部吃光光，我的食量也未免太惊人了吧！

在这里生活，最重要的就是“一个人能吃几个”。以一个人能吃六块炸鸡为例，经常吃到一半就忘记自己到底吃了几块，这时候大家都会帮忙数，出言提醒：“你刚刚说你吃了三块”。除此之外，这里也规定“碗里没饭时不能吃菜”，换句话说，只要再添一碗饭，就能再吃菜。可是……偶尔也会遇到不想再吃一碗饭却想吃菜的时候，或是没分配好饭的分量，还没吃完菜，就把饭吃光了。像这种时候，我会用手遮住碗，趁没人注意时立刻夹菜来吃。每天晚上，当所有人围坐在一起吃饭时都好热闹哦！

今天傍晚我要带一团巴士观光客，现在正是南滨湿原盛开白毛羊胡子草，以及宽叶杜香的季节。带团时，我们会玩“传话游戏”，所有人排成一列往前走，排在最前方的第一个人对第二个人说出花名，再一个个传下去。通常，这个游戏都会卡在手上拿着大炮相机的游客手中，传到最后一人时，花名早就变成另一个名词了。

我在刚担任导览员时，师傅曾经教导我：“这份工作最重要的就是要能与游客一起感动。”乍看之下不足为奇的地方，仔细端详就会看见可爱的花朵。你看，这是蔓越莓！与游客一起漫步，为同一件事感动，真的是很难得的经验。看到大家的笑容，我觉得十分幸福。

偷偷告诉你，我打算在这里过完夏天后，要重新学习之前中断的陶艺。这份工作让我找到了想创作的作品，现在唯一担心的是，我能不能成功瘦回原来的体重呢？

5
Mugihiko Yanagida

5

柳田麦彦

综合商社

职员

东京都千代田区

我正在过着为期五周的便当生活。从七月开始，公司派我去俄罗斯的新西伯利亚工作。昨天同事为我举办欢送会，喝到第三轮才回家，所以太太特地在便当盒上贴了一张纸，叫我千万不能上班打瞌睡。这一个月来，我每天都去语言学校，密集上七个小时的俄文课。

已经结婚一年，但这是我第一次吃到太太做的便当。业务员这份工作经常在外用餐，如果午休时间待在公司里，就会去员工餐厅吃饭。十二点一到，同事都没有要起身的意思，一直到十二点半，大家觉得“差不多该去吃饭了”，一群男人才会成群结队地下楼用餐。每到午休时间，整个办公室都是“集体移动”的状况。通常，主管们有高尿酸、高血糖等问题，所以会点荞麦面吃。一群人就这样一边讨论工作的事，花十五分钟解决午餐，再一行人走回办公室。我还没在公司里看过任何一名男同事脱离团体，独自一人吃家里做的便当。

我的名字麦彦是老爸取的。据说麦芽长出来的时候，农夫会“脚踏麦芽”，让麦芽长得更茁壮；再加上我是七夕出生的，牛郎星又称“彦星”，所以才取名为“麦彦”。

十四岁以前，我是在熊本县水俣市长大的。与一般的家庭形态不同，我们是六个家庭住在一起。当时，日本正好引发水俣病［汞中毒公害］问题，许多义工都从日本各地涌进水俣市帮忙。我的父母也从东京搬到水俣定居，六个家庭一起兴建共享的主屋，自己种稻植菜，过着半自给自足的生活。大家齐心协力，帮助病患静坐抗议，旁听审判结果。

平时我们都是在主屋吃饭，日历上标注每天负责煮饭的值日生，由十二名大人轮流煮饭。每次遇到由老爸负责煮饭的日子，就开心不起来。他老是喜欢尝试异国料理，做出来的菜都非常奇特。小孩最想吃的，无非是一般的咖喱饭或汉堡排，老爸还真是不懂孩子的心情。饱餐一顿之后，小孩还要帮忙洗碗。

遇到学校举办教学观摩时，不是我亲生父母的同住家长，会到我的班级来看我上课。晚餐时还会骂我：“老师问问题时为什么不举手？”我不只有自己的亲生父母，还有十个家长；而且除了有血缘关系的手足之外，另外还有十个哥哥姐姐。再加上病患、学者、摄影师、外国人……我们家每天都会有许多人进进出出。学校同学也经常带着怪异的眼光说：“你们家好奇怪哦！”虽然我们家很不一样，但唯一可以确定的，就是因为在那样的环境中成长，才造就了现在的我。去年结婚时，所有家人齐聚一堂，每个人身上都散发着淳朴的乡村特质，让我感到非常温馨。

我将在俄罗斯待上两年。第一年是到那边念大学，这个年纪还能当学生，真的很幸福。第二年太太才会到俄罗斯来，我们都很期待一起在俄罗斯度过的生活。结婚之后，我每天都加班到深夜才回家，在俄罗斯度过的第二年，应该每天都能吃到爱妻亲手做的料理吧！到时候，她一定也会帮我做便当，请你们一定要到俄罗斯来拍我的便当哦！

6

Tadao Maekawa

6

前川忠夫

真寿海丸渔船

船长·渔夫

千叶县安房郡

每年的五月到九月初是鲍鱼季，在这段时间，平时我会徒手潜水抓鲍鱼或蝾螺，周末就坐船到外海捕鱼。现在能钓到的鱼类包括三线矶鲈、真鲷和须拟鲉。渔船早上五点就会出港，十一点过后才会回来。每次船一进港，一定会看到老婆在港口等我。她会一边跟客户吆喝："今天捕到好多鱼哦！"然后一边拍照。由于我有在经营自己的网站，老婆会将拍下的照片刊登在我的网站上。遇到像今天这样下午还要出船的日子，她就会做好便当带来给我，让我在船上吃。因为没时间吃饭，便当是最好的选择。

十七年前我决定跑船当渔夫时，老婆觉得难以置信，直问："孩子的爸，你不擅长与别人来往，这样适合当渔夫吗？"多亏同条船上还有从神奈川或埼玉来的外地人，而且老婆每次来港口也会帮我处理钱的事，让我轻松许多。

我徒手潜水已经超过四十年，老婆总说我是个"一天只有二十二小时的男人"。一般人都是一天呼吸二十四小时，但我因为潜水，一天大概只呼吸二十二小时。每次潜水都是我们夫妻一起出船，我负责潜水抓鲍鱼，老婆在船上控制船锚。只要按下按钮，重达十公斤的船锚就会持续往下坠，此时，我只要抓住船锚，最深能潜入二十米的海底。一分钟之后，我会探出头来，老婆就拿出一根竿子把我拉回船上。

正因为是夫妻一起出船，所以默契相当好。在我吸气的那一刻，老婆就会按下按钮，我们重复这个过程也不下一百次了。虽然也曾经因为太过专注于抓鲍鱼，导致差点失去意识，但幸好我已经练成反射动作，会在快要呼吸不过来时游出海面。二三十年前，每次潜水我都能抓到装满短裤口袋与双手的鲍鱼；而现在产量大减，能抓到一个就很厉害了。

我的父母都出生于冲绳县糸满市，父亲是采用驱赶法捕鱼的渔夫。我四岁时，举家迁至千叶县白滨町居住，从此之后，父亲就改穿一条兜裆布，开始潜水抓鲍鱼。当时，渔夫会在木船上放许多薪柴，在船上烧柴取暖；现在则是在木箱里放瓦斯炉取暖。渔夫在捕鱼时，还要同时做好御寒措施。

需要潜水的日子，我通常只吃两颗西红柿和两根香蕉当作午餐，数十年来从未改变，因为这是最好消化的食物了。我老婆则是在船尾晒不到太阳的地方，吃自己做的、里面放着厚煎蛋卷或鲑鱼的便当。

以前年轻的时候非常拼命，因为海面天气瞬息万变，我们也遇过好几次惊心动魄的危机。当时老婆就下定决心，她说："死也要跟我死在一起。"现在，我的体力已大不如前，两个儿子早已各自成家，分别在拖船公司工作，日子还算过得去。

我其实不太会说话，你要不要访问我老婆？老实告诉你，一年前我侄子结婚时，他还拜托我上台致词，没想到正式上台时，说到一半就说不下去了，后来还是我老婆接手，才避免场面尴尬。而且在上台前，我还特地喝了一杯酒壮胆，结果还是失败了。幸好女方邀请上台致词的人跟我是同类，也是他太太在旁中途接手。真是太好了，不是只有我出糗。

7

Keiko Kawata

7

可丽饼移动餐车

SWEET WAGEN

川田景子

德岛县阿南市

没有冷气、动力方向盘，还很耗油。问我为什么还要留着这辆车？老实说，多亏有它，我们才能开可丽饼行动餐车。虽然它有时还会过热冒烟，状况不是很好；但我就是喜欢这辆一九七一年的大众厢型车。四年前，我在德岛市内的加油站看到它在贩卖，趁着深夜试乘后就决定买了。我对它可说是一见钟情。

自从买了这辆车之后，让我忆起了自己曾梦想拥有一间移动咖啡馆，便提出了开移动餐车的想法。我喜欢吃甜点，我老公则擅长用铁板与面粉制作料理，所以我们最后决定卖可丽饼。他曾经在御好烧店工作，每天都在煎面糊较薄的广岛风御好烧。我跟老公说："就算开不成可丽饼店，也可以在家煎御好烧。"于是买了铁板，他每天都会煎一百张可丽饼皮，研究了三个月之后，终于开店了。

开店真的很有趣。老公在车里煎可丽饼皮，我在外场接待顾客并装袋。刚开始，光是做五份可丽饼就忙得不可开交了；但现在即使是大排长龙也能从容应对，就连御寒对策也准备周全！我们两个里面穿的是一万日元的保暖内衣，以及一双两千日元的保暖袜。今天早上车子里真的好冷，幸好有穿保暖内衣，两个人才能笑着说："哇！现在零度耶！"四年过去了，我们早已习惯这部车子夏热冬冷的特性。

我和老公从没吵过架。每当我耍小姐脾气时，他就会思考该怎么做才能让我开心。心情烦躁时，他也会对我说："剩下的我来做，你去睡吧。"他对我真的非常体贴。我每次都直呼他的名字"孝彦"，他却叫我"景子小姐"，对我百般呵护。

今天小学的课后班举办活动，邀请我们和章鱼烧铺到学校开店。我们很早就做完开店准备，所以可以悠闲地享用午餐，真是太棒了。每次总想着要赶快来吃午餐；但嘴才刚张开，客人就上门了。因此，我跟老公会轮流吃午餐，把握有限的时间，注意客人等待的状况，赶紧将食物塞进嘴里。最近，家里买了面包机，所以午餐通常都吃三明治。自己烤的吐司面包混合了JA阿南推荐、以越光米磨成的米粉，夹上鸡蛋沙拉，做成简单的三明治。今天还搭配了菠菜炒香肠。我公公务农，不仅菠菜是自己种的，就连米粉也是自己磨的。对我来说，手中的三明治就是"妈妈的味道"。小时候远足时，妈妈总是会做鸡蛋三明治给我当午餐。更棒的是，妈妈不只做三明治，还会在Kitty猫的便当盒里塞满汉堡排、意大利面与饭团。其实，只带其中一样去远足就已经够让我满足的了，没想到我还是全都吃个精光，这么说来，我的食量也太惊人了吧！

明天我们要去冈山巨蛋，那里要举办同人志贩卖会，会有许多动漫迷前往朝圣。晚上就要准备好所有材料，明天一早五点钟前，要从德岛县阿南市的家中出发，祈祷这辆车明天开长途一切顺利。我们特制的阿波牛肉片可丽饼馅料相当丰富，希望能全部卖光光。

8
Yoshiaki Yamashita

8

山下文明

东映株式会社京都摄影所

剧务

京都府京都市

我从小在岚山附近长大，小时候还吵吵闹闹地喊着“岚宽［寿郎］来了！”，然后跑去看《鞍马天狗》的拍摄现场。到了附近宅院的池塘玩耍时，还被屋主骂：“喂！你在干吗！”事后才想起，原来那就是阪妻［阪东妻三郎］啊！在我成长的环境中，充满了与电影有关的回忆。

然而，影响我最深的，莫过于詹姆斯·迪恩［James Dean］跃上大银幕。我很爱看电影，甚至还自掏腰包购买他在《无因的反叛》［*Rebel Without a Cause*］里穿着的红色外套，结果被伯父骂了一顿，他说：“穿红色衣服的男人不准踏进家门！”因为我真的太爱电影了，所以当时说要当演员时，还遭到家人极力反对。幸运的是，那时我有个朋友的父亲在东映工作，他帮我跟父母说：“山下先生，你就让他试试吧！我能给他一些稳定的工作做。”

就这样，我在二十岁时进入东映当跑龙套的所谓的“大部屋演员”，与其他小演员一起待在大休息室里等工作。很巧的是，就在我进东映后不久，朋友的父亲就调职了，我根本不算是正式员工，但我也因祸得福成为演员。当时，我完全不知道朋友的父亲曾向我父母保证会照顾我。

那时除了当演员之外，藤山宽美以及高仓健来京都拍片时，我也当过他们的助理。大部屋演员要演各种角色，有时早上演捕快抓犯人，下午就演平民百姓。由于经常要在外景地吃午餐，所以我都会请老婆帮我做便当。我老婆习惯在便当里放许多小饭团，方便吃的人拿取；而我则是那种只要有人想吃我的便当，都不会拒绝的人。也因为这样，其他演员都很期待我带的便当。

即使是现在，只要是带便当的日子，老婆一定会连同部门同事西岛的便当也一起做。他是个单身汉。我每次都跟老婆抱怨：“为什么你做给西岛的便当看起来又大、又好吃？”老婆就会回我：“你都那么老了，人家可是年轻人啊，当然要吃好一点啦！”我就这样带着两个便当来公司。

剧务的主要工作是依照制作进度调整演员通告表，确认演员何时要进现场、何时开始戴头套或换服装等相关安排。而且还要联系每一位演员，通知接下来的预定行程；如果我忘记联系，演员就不会来，因此我的工作可说是相当重要。除此之外，由于片场每天都在拍片，要是今天延迟了一个小时，我就必须向所有原本排定下午一点或两点通告的演员们致歉，并且仔细说明状况。

我当电视剧《水户黄门》的剧务已经超过三十年了，从东野英治郎饰演的黄门大人开始，到西村晃、佐野浅夫、石阪浩二、里见浩太朗等人，我全都合作过。一回头才发现，七十岁的我，已经是东映职员中年纪最大的了。就算感冒，我也都选在周末发烧，每到星期一就生龙活虎地去上班。京都摄影所里有八十岁的演员，也有年纪很小的童星，所以在通知同一件事时，必须因人而异才行。即使做了这么久，我还是觉得这不是一份简单的工作。不过，每当好久没见面的演员从东京来到这里，对我说“看到山下先生就觉得好安心”时，又会让我涌现出继续努力的干劲。

9

Mitsuru Aoki

9

青木　充

土木作业员

新潟县长冈市山古志

我最喜欢吃红色小热狗了！从以前到现在，只要带便当，我一定要吃小热狗。嗯，饭上还要洒味噌腌萝卜。高中时，妈妈经常帮我做饭团，我家的饭团很大一颗。在碗里添饭之后，再扣上另一个碗，用力摇出一颗又圆又大的饭团。饭团里包着家里腌渍的酸梅干，外面再用一整片海苔裹起来。

现在也是这样，每天早上妈妈都会做好配菜，我自己装便当。之前是太太会帮我装便当，不过，自从两年前搬回山古志与父母同住后，就维持目前的形态。而且我太太也有工作，还要照顾女儿。妈妈平常都在后面的菜园里种菜，现在正是长得很像青椒的辣椒“神乐南蛮”以及茄子的产季。所以，味噌炒神乐南蛮与茄子也是今天的便当菜之一。

花十分钟吃便当，剩下的时间就在车里小睡一下。山古志在七月底下了一场大雨，山路到处崩塌，我们正在努力抢修中，必须先铲除崩落的砂石，修出一条水道，将水引入U字形沟堤。基本上，这阵子我每天都要前往山古志的某处灾区，整修道路。

傍晚回家后，我还要到田里割草、喂牛，有空的话还会带牛去散步。就像遛狗一样，在牛的脖子上系一条绳子，牵着牛在附近走走，让牛吃路边的草，走一个半小时左右。之前经常碰到其他农家也带牛出来散步，偶尔会在路边发生“两只牛打架”的意外，要是不尽快处理，后果将不堪设想，所以我现在都会避开这样的情形。山古志的牛都是斗牛，别看它们平时很乖巧，骨子里可是斗志旺盛呢！

我家从小就养牛，每天傍晚，孩子们要负责喂牛吃草，也要带牛散步。上了国中之后，因为参加社团活动，就没空喂牛了。在家里五个兄弟中，我是最小的弟弟，原本说好每个兄弟轮流负责一天，没想到轮到我之后，大哥就不肯再接手。最后喂牛的工作就全部落到我头上来了。

话说回来，对山古志的居民来说，养牛只是兴趣，就像养宠物一样。看牛打架也算是一种娱乐。

七年前[2004年]发生新潟县中越地震时，所有村民都去避难了，当时我很担心牛只的安危。有一次搭直升机回家查探时，我跟父亲决定剪断绳子，放它们自由。当时的心情真的很激动，完全说不出话来。后来，父母住在长冈市内的临时住宅，我则住在公寓里，心中一直想着，有天一定要回到山古志。当时没想到故乡能这么快就恢复原貌。女儿出生时，我跟太太商量，想取山古志其中一个字当女儿的名字，于是便将女儿取名为“志穗”。女儿就像现在收割期的稻穗一样，真的很漂亮。

明天斗牛场有斗牛比赛，我家的也要登场。基本上，山古志的斗牛比赛不分胜负，以平手为原则。负责拉开牛的人必须看准其中一方可能要败退的时机，冲进去抓住牛的鼻子，把双方牵出场。我一直追随着父亲的脚步，所以从高中开始，我也跟着去当负责拉开牛的人。

每年五月到十一月，我必须忙斗牛季的事，收割后，还要准备地区的保龄球大赛，几乎没有自己的时间。现在，与两岁的志穗一起玩，是我每天最大的乐趣。

家族巡回 · 续

九岁的女儿开始进入叛逆期，我对她说："爸爸跟妈妈工作时，你就用这台数码相机拍我们。"将相机拿给她之后，她却盘坐在长椅上，眼睛一直盯着书本看。相机就这样被静置在木桌上，女儿偶尔会偷瞄我一眼。我对她做了一个按快门的动作，暗示她帮我们拍照，没想到，她竟然摆出一副"与我无关"的表情。

今天，我们来到新潟县的旧山古志村，接受采访的青木充先生，是青木和叶小姐的老公。和叶小姐是十日町市住宿与体验设施"光之馆"的从业人员，之前我们曾经住过那里，她也是我们因为便当"搭讪"过的女性。从那之后，已经过了七年。中间有一段时间没有联络，直到最近才知道她住在山古志。细问之下，发现她的老公也带便当，于是决定前往拜访，便提出再次采访的请求。

从开始采访便当主题已经过了十年多，我们依旧维持着携家带眷的家族巡回形态。由于女儿已经上小学了，因此，我们通常是趁着学校休长假时到远的地方采访。

差不多该拍青木先生的个人照了，阿了希望青木先生能站在卡车的车斗上拍，于是我拿起"4×5"相机，也跟着爬到卡车上，只有女儿还在反抗我的命令，丝毫不为所动。

半年前，我们到岩手县八幡平市拍摄公交车司机工藤敏美先生时，天气相当恶劣，甚至吹起了暴风雪，当时女儿还很热忱地担任小助理呢。我撑着伞保护相机，女儿拿放大镜递给爸爸，全家人齐心协力。我希望女儿能在采访之旅中，尽情欣赏、感受。不过，她已经开始萌生自我意识，迈入心思愈来愈复杂的年纪，我想，家族巡回的形态也差不多该进入尾声了。

我突然想起刚开始采访的日子，当时唯一的心愿，就是希望她不哭不闹，安静地待在我们身边。在四岁之前，女儿患了很严重的异位性皮肤炎，就是因为这样，

才无法请我的父母帮忙照顾女儿，我不可能将女儿交给其他人照顾。由于异位性皮肤炎会引发瘙痒，晚上每隔两个小时，女儿就会痒到醒来。我整晚都要用手抚摸女儿的肌肤止痒，手掌还被女儿的血染成了褐色。我相信，只有我这个做妈妈的，才能如此无微不至地照顾她。

当时接受采访的对象，在看到我女儿的皮肤状态时，一定都非常惊讶。事前我已经叮咛过女儿："妈妈在跟别人说话的时候，你绝对不能讲话哦！"因睡眠不足而闷闷不乐的女儿，总是紧闭着嘴，抓着我的腿不放。

女儿小时候很喜欢画画，每次出门时，都会在背包里塞一堆布偶，一个人玩过家家的游戏。当布偶换成哆啦A梦漫画或青鸟文库本时，她还是能一个人消磨好几个小时。没想到，她现在竟然嘟着嘴，成为一位叛逆少女，可见她真的长大了呢。

为了配合青木先生的工作行程，访谈延到了第二天。原本约好在"斗牛赛"开始前采访，可是他一直忙着除草、帮忙架设会场；好不容易等到他有空坐下来，却被他的朋友打断，或是手机突然响起，根本没机会真正坐下来。在访问的过程中，他还将原本绕在颈部的手巾拿下来往头上一盖，遮住自己的脸颊与嘴巴。看来他真的很害羞。

这一天，和叶小姐也来到了斗牛场，两岁的女儿志穗摇摇晃晃地走来走去，她特别喜欢跟在我女儿后面走着。当初采访和叶小姐时，我的女儿大约也跟现在的志穗一样大。

斗牛结束后，所有人都走光了，但我还有事想问青木先生，所以一直在现场等着，"如果青木先生同意的话，我还有事想问他。"原本打算询问坐在隔壁的阿了的意见，没想到女儿竟心情愉悦地说："妈妈，没问题，想问就去问吧！我会在这里等你的，不用担心。"

10

Noboru Sakaguchi

10

阪口 隆

汽车修理·贩卖·歌手

滋贺县东近江市

我就是想要当歌手。我从小就喜欢在家里对着窗外唱歌，在田里休息的隔壁阿姨都说："你可以靠唱歌赚钱了！"

十五岁时，我到浅草的汽车行工作。白天修理汽车，晚上则背着一把吉他，到各个小酒馆卖唱。我还取了艺名"小坂隆"，而且出过唱片哦！当时有一个电视节目叫"象印歌唱大赛"，我一路过关斩将，但不幸在第五周被淘汰。那时候在我老家还掀起一阵话题，邻居们议论纷纷："虽然名字不同，不过，那就是阿隆啊！"我瞒着所有人去参加歌唱比赛，被老妈臭骂了一顿。到现在还是觉得可惜，错失了当歌手的机会。不过，回到故乡之后，我经常参加地方举办的歌唱活动。也还曾经到老人看护中心，拿着吉他自弹自唱给卧床六年的老人听，没想到那位老人竟然起身了！我真的好开心啊！音乐就是拥有如此神奇的力量。

现在差不多是收割稻子的时候，今天特地到田里来勘查情形。这片梯田是祖先留下来的，目前是由我跟哥哥两个人耕作。我除了在汽车行工作之外，接到活动邀请时也会去唱歌，另外还一边在加油站打工，一边教别人唱卡拉OK。我平时会在各地跑来跑去，只有插秧、收割与除草时才会来这里。常常有人问我："你有时间睡觉吗？"但我是个静不下来的男人，喜欢到处跑。多亏哥哥经常来田里照顾田地，还独自兴建农舍，真的是太厉害了。

我的便当是太太做的。别看我好像不修边幅，其实我偏食得很严重，只吃白萝卜和红薯。我最喜欢像今天这种简简单单的便当。这附近可以采到许多山芹，田边还有多到数不清的梅树，所以这个梅干也是自家腌的，可惜就是太酸了，腌得不好。毕竟这里是乡下嘛，小时候只要一说到便当，大家一定都会想到里面包着腌梅干、外面没有海苔的饭团。远足时，整个班上只有一两个同学会带海苔寿司卷，每次我都一边大口吃着饭团，一边紧盯着同学的寿司，猜想寿司的味道。就连苹果我也只有看的份，根本没得吃，而且从来没看过香蕉呢！

说到这个，我太太曾经说过，苹果和香蕉在他们家是很常见的水果。早上出门上学时，家里的帮佣会将书包绑在脚踏车上，骑车载她上学。

我太太是德岛县名门望族的独生女。我二十一岁出车祸送医急救时，她就在那家医院担任护士。在我失去意识、情况相当紧急的时候，她还跳到我身上把我打醒。我猜想她是为了要摆脱各种束缚，才会离乡背井，出来当护士的吧？我妈妈也是护士，我的两个小孩中，不只女儿长大后成为护士，儿子还娶了个护士回来，真是个与护士很有缘的家庭呢！

直到现在，每次回老婆的娘家时，我一定会在中途的淡路岛换上西装，绝对不能穿像今天这样的衣服回去见老丈人。不过，回程时我也一定会在淡路岛换回牛仔裤，再回到滋贺县。

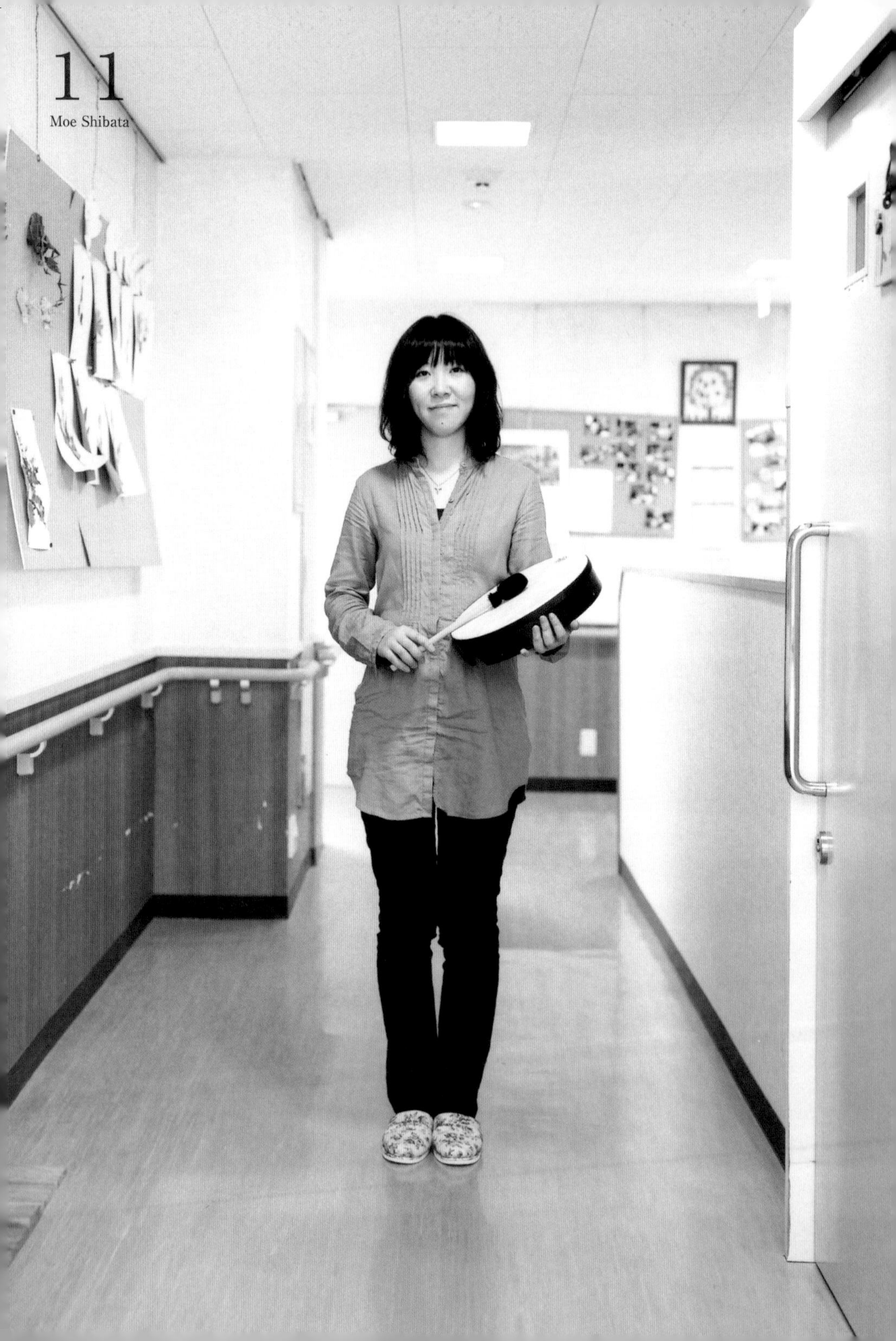

11

Moe Shibata

11

柴田 萌

Liry Musica 株式会社代表

音乐治疗师

东京都杉并区

今天大家一起唱了《松木小调》、《阿富》，还一起打鼓摇铃。比起“大家唱歌唱得很尽兴”的盛况，我倒希望有人因为聊天聊得太开心，而无法继续唱下去。之前，我来这间老人护理之家“虹之家”与大家一起唱歌时，歌词里写到了“信”这字。当时，台下有两个老人在聊天，A说：“我曾经跟写情书给我的人交往，没想到很快就分手了。”B就回答：“你好抢手哦！”他们的对话惹得全场哄堂大笑。后来又大声地唱歌，再跟旁边的人聊天。能想起以前的回忆真是值得开心，让我也不自觉地跟着捧腹大笑。

虽然我现在是音乐治疗师，但之前其实是梦想从事IT相关工作。高中时，一直希望能考上以理科闻名的国立大学。当时，我在栃木县佐野市念高中，一下课就要骑着租赁单车到车站搭电车，再转乘公交车，花了将近两小时才抵达位于埼玉县大宫市的补习班。无论我再怎么赶路，英文课一定会迟到十五分钟。补习班的英文老师戴着圆框太阳眼镜，看起来就像电影《神隐少女》里面的锅炉爷爷。他每次都会帮我补课。我家住在群马县太田市，所以可以说是跨三个县市求学呢！

高中二年级快结束时，有一天，妈妈在准备晚餐时突然跟我说：“最近好像有一种新工作叫音乐治疗师。”我觉得很好奇，就看起了妈妈买的入门书。之后问妈妈才知道，原来她一直觉得，要是再年轻一点，就想去挑战看看。妈妈当年的嫁妆可是一架钢琴呢！爸爸是NHK交响乐团的定期会员，热爱古典乐，每个月都会去听演奏会。我从小就接触音乐，一直将音乐当成兴趣。没想到看了书之后，我的世界完全改变了。原来，音乐不只是看得懂乐谱、会演奏乐器的人的专利。跟学校老师商量了这件事之后，老师说他从来没看过我像现在这么开心，于是我毅然决然更改志愿，跑去考音乐大学。我下决定可是很快的呢！

大学时期住在宿舍，门禁是晚上九点五十五分，舍监会在十点到宿舍房间前点名。当时我在餐厅酒吧打工，因为门禁的关系，九点一定要下班。所以店长一看时间差不多，就会将员工餐放在保鲜盒里，让我带回宿舍吃。员工餐相当丰盛，有时是高座猪的炒饭，有时是白饭搭配炒青菜或炸虾。

舍监点完名之后，其他三位室友就会看着我吃便当。她们每次都很兴奋地问：“今天吃什么菜？”店里的厨师也知道我的室友很喜欢吃他煮的料理，所以每次都会多装一点给我。

我现在跟以前念音乐大学时的同学共租一间房，共同支出伙食费，还会经常一起做饭。每次做晚餐时，也会多做两个便当，多出来的菜就放在保鲜盒里冰起来。在做今天便当里的“芜菁炒猪肉”时，就想过今晚也吃这道菜，所以便炒了一大盘。

每次在老人护理之家结束音乐疗法后，走到车站站台上等车，刚好都能看到夕阳。发一条短信给室友，告诉她：“我现在要回家了。”她就会回我：“那我就先煮饭啰！”我最喜欢回家前的这段时间。

12

Kazuo Negi

12

根木一绪

浜松市动物园

饲育员

静冈县浜松市

我长得像北极熊吗？嗯，果然是这样啊！同事们都说，只要照顾类人猿，就连走路方式也会变得跟类人猿一模一样。饲育员长得像动物，真是令人开心哪！

一个月前，公北极熊杰森因肾脏衰竭死亡，留下母北极熊芭菲，游客们都很担心芭菲会不会寂寞？事实上，芭菲现在过得比以前悠闲，感觉还真无情呢。每次丢鲭鱼喂她，丢完最后一条鱼，向她挥手说："这是最后一条啰！"她就会摆出一脸"知道了"的样子，"咻"地游到对岸去。有时我会隔着兽舍栅栏抚摸芭菲的鼻头，不过，她不会像棕熊一样用头蹭我，要我"再多摸一下"。就算她乖乖让我摸，下一秒也会立刻跑走。照顾她十五年了，她偶尔还会突然站起来威吓我。北极熊可以说是个性孤傲的动物，毕竟生长在没有其他动物的北极圈，在那样的环境下，的确会养成这样的个性。

当饲育员已经三十一年，每种动物我都照顾过。我所属的小组总共有五个人，负责照顾火烈鸟与鸭子之类的水鸟、海狮、日本鹿以及北极熊。大家看过就知道，像火烈鸟这样的动物，无论多么辛勤照顾，它们还是一见到人就逃，不可能会围过来示好。即使如此，只要跟它们说一声"早安"，它们一定能感受到我的心意。下班时，我也一定会跟它们打招呼，说一声："晚安，明天见。"所有动物都是一样，只要跟它们说话，它们就会看你、听你说话、闻你的味道。动物会用心辨识味道。熊吃的粒状饲料是"干饲料"与草食动物的饲料不同，带有近似柴鱼片的腥臭味，它们一吃就知道。话说回来，芭菲吃的生马肉以及水煮鸡头，我可是一点兴趣也没有。

我从小就喜欢动物。明明家里已经养了小狗、日本矮鸡、兔子、虎皮鹦鹉、禾雀以及猫头鹰，但到亲戚家一看到牛，仍然央求爸妈买给我。此外，我还会去肉店买猪肝喂食猫头鹰。

我也很喜欢吃内脏，因为我是个肉食爱好者，像今天的便当里就有鸡肝。每天早上，老婆都会为我和儿子做便当，她非常注重食物质量，还会利用宅配购买有机蔬菜。制作炖牛肉或奶油炖菜时，她会从汤底开始做起，绝对不用市售汤块，炖菜之类的日本传统料理也是她的拿手好菜。不过，说真的，便当里只要有腌梅干饭团和水煮蛋，我就觉得很满足了。对我来说，世界上没有任何便当菜，比这样简单的组合更好吃了。

我儿子一两岁的时候，曾经在园里的"交流广场"抱过兔子。后来羊也跟着靠过来，"咩"了一声，他就立刻大哭说要回家，可见他真的吓到了。从此之后，他再也没来过动物园。以前那么怕动物的儿子，现在已经高中一年级了，每天都带着大我一倍的便当去上学。

13

Yousuke Yamasaki

13

一级钟表修理技师

钟表·宝石 HANABUSA

山崎洋祐

福冈县福冈市

从小，我就想做腰上挂着工具包、站在梯子上工作的行业，所以长大后的第一份工作是电工。后来又跑去当汽车检修员，我服务的加油站里，经常会遇到不同车种、年代，甚至连过去维修状态都不清楚的汽车。车主们都希望我能赶快将车子修好，在精神紧绷的状态下挥汗修车，让我工作时非常有成就感。

不过，无论是多热爱的工作，一定要有放松的时候。对我来说，海钓就是当时最能让我放空的嗜好。没想到越钓越有兴趣，最后索性开了一家钓具店。在成为一级钟表修理技师之前，我做过许多不同的工作。虽然不清楚自己的学习能力如何，只知道我拥有的兴趣比别人多上一倍。即使是现在，我也会基于好奇心拆解手机，看看里面的振动器如何运作；回收旧的打印机时，还会拆掉所有能拆的零件，包括基板、五金零组件以及金属配件等。老婆看到我这样，也忍不住说我“根本不正常”。

我在新天町商店街的钟表·宝石店HANABUSA工作已经七年了，之所以进入这一行，是我自己决定要转换跑道的。第一年考上三级钟表修理技师的资格，第二年参加国家资格考试，也顺利考取最高级别的一级资格。原本还在想，要是没考上就向公司提出辞呈吧。顺利考取资格的确是一件值得庆贺的事情，不过，毕竟我从来没做过这一行，而且也快四十岁了，所以我早已做好心理准备，一般店家即使要雇用我，恐怕也会考虑再三。汽车是承载人类性命的代步工具，不过，从另一个角度来看，手表也具有举足轻重的地位。

某次，有位女性顾客带着一块旅行用的旧款手表来店里，她对我说：“请务必要修好它，即使只能走一下子也无所谓。”我们是在店头进行修理工作，所以她一直盯着我的手看，虽然工作时被顾客盯着看会感受到很大的压力，但好处就是能与顾客聊天。根据那位女性顾客的说法，那是一块失而复得的表。我原以为是她找到了遗失很久的表，没想到是她先生登山时遇到山难，几年后，她先生的物品被送回她身边，那块表就是其中之一。于是，我拼了命地修好那块表，也恢复了闹铃功能。那位女性顾客感动落泪，一路哭着跑回家。那次的经验让我体会到，无论面对任何事情，只要认真去做，就会有意想不到的收获。珍贵的纪念品弄坏了，怎么也赔偿不来。正因如此，用心做事才是最重要的。

没错，今天的便当里也有“心”哦！我太太偶尔会在便当里放入一颗爱心，有时是挖空红萝卜做出爱心造型，有时则是利用便当菜排出一颗心等等。我会趁大家还没看到的时候，一口气吃掉。因为工作上经常转换跑道的关系，我给太太添了不少麻烦，但不管什么时候，她都会帮我做便当。多亏有她，我才能这么健康。

现在，我最大的娱乐就是跟太太一起出海钓鱼。矛盾的是，我最喜欢吃乌贼和虾，却最讨厌吃鱼，可是我又喜欢钓鱼和杀鱼。杀鱼也是拆解的一种，用刀切开鱼身，观察鱼骨的排列状况、神经的生长位置、鱼鳔状态等。说到底，还是零组件吸引我。杀好鱼之后，就拿给家里那个男人婆吃。嘿嘿嘿，你没听错，我平常都叫太太“男人婆”。

14

Fumihito Ogasawara

14

小笠原史人

accents

园艺家

神奈川县茅崎市

我是米虫。若问我最喜欢吃什么？我最喜欢吃米。画家山下清作品《裸之大将》中出现的特大饭团，是我梦寐以求的饭团形态。主角阿清身穿运动衫，大口吃着特大饭团的模样，一直深刻地烙印在我的脑海里……在孩子的心目中，那是最美味、最令人羡慕的食物。遗憾的是，直到现在我都没能像阿清那样吃饭团。

基于这个缘故，我最喜欢每天吃饭团了。现在的便当里装着四个饭团，但其实不久之前，我的便当里都是五个饭团。有一天，太太问我饭团会不会太多了？细问之下，才知道原来一个饭团相当于一小碗饭。换句话说，我每天中午都吃五碗饭。从那天以后，就减到四个饭团了。今天饭团里包的是腌梅干、鲑鱼、柴鱼和咸鳕鱼子。我最喜欢吃咸鳕鱼子。今天的配菜还有腌小黄瓜以及樱桃。望着罗勒和薰衣草香草园，欣赏着蝴蝶、蜜蜂、蜥蜴，以及各种昆虫的生态，这种感觉就好像是在远足。

念书时我老是吃饭。妈妈跟我说："菜可以跟别人要，不过，饭一定要多吃一点。"我读的高中是男女合校，女学生比男学生多，每次她们遇到自己不喜欢的菜，就会先夹给我，所以我每天都有好多菜可以吃。就算自己带来的便当在上午吃掉了，只要还有饭，就能继续吃。此外，我还在弓道社的社办放了一瓶饭松，若是当天分不到菜时就能派上用场。还记得当时我很想带纳豆去学校吃，我最喜欢吃纳豆了。可惜那时候的纳豆都是用稻秆包着，不适合带便当。后来是妈妈阻止我，我才心不甘情不愿地放弃。

话说回来，今天还真热呢。我在水壶里准备了茉莉花茶，可以一边工作一边补充水分。刚租下这间温室后没多久，正好是夏天最热的时期，即使汗流浃背，仍然不停地工作。我一直认为工作就是这么一回事，但房东阿姨看到我这样，却对我说："你再这样下去会晕倒哦！"我才停下来休息。现在想想，当时真是太鲁莽了。从此之后，我会避开中午，只在早上和傍晚工作。顺带一提，房东阿姨在隔壁的温室种植菠菜。

这份事业是我跟老婆一起开创的，现在想来，我很庆幸我们能在湘南创业。这一带的居民都很喜欢从事园艺，心中也有明确的庭院风格。不过，当自己买植物回来种后，才发现事情没有那么简单。这时，就要靠我们大展身手了。老婆会先与顾客沟通，了解顾客的想法，她非常善于观察，能看出对方想要什么样的庭院。由老婆描绘设计图后，两人再一起造园。

现在，我除了造园时自己种香草之外，也会卖给花店。不过，我发现一件事。由于花卉有不同的盛开季节，这一季结束后，花店就会进下一季的花卉，生意源源不绝。可是香草却没有季节性，一年四季都会生长，一般顾客只要买一次，就能欣赏一整年，所以香草的销路并不好，有点可惜。

15

Ako Tanaka

15

田中亚子

高中生·相扑社干事

鸟取县鸟取市

我总会跟知世与千明，三个人一起吃午餐。我是在一年级暑假结束时转学过来的，首先结交到的好朋友就是她们两位。我们三个人总是黏在一起。她们两位是田径队的，原本也邀我一起加入，但我后来跑到相扑社去当干事。那时，校长跟我说："社团活动很重要，你也要参加哦！"虽然我并没有特别喜欢相扑，但鸟取城北高校最有名的运动就是相扑，从小学开始，同学们课余时都会一起玩相扑，所以我才会加入相扑社。前一阵子在金泽举办的全国大赛，是由我们学校的相扑社夺下冠军，虽然对这个结果并不意外，但还是让我再次感受到：我们学校真的很强！

相扑社内一共有十五位男社员，还有五位干事，包括一位三年级的男生，以及四名一年级和二年级的女生。下课后，负责人们会先在保健室集合，大家一起围着保健室的石浦老师，研究超市的广告传单，再一起徒步前往超市采买。如果当天的炒面很便宜，我们就会买炒面。相扑社并不是每天都吃相扑火锅，像今天一年级的干事提议要做泡菜炒猪肉，将八包七百克装的猪肉块，拿来炒白菜泡菜。其他则还有放入豆腐与油豆腐皮的味噌汤、加了培根的沙拉，以及二十七斤的饭！平时都是由学长或老师调味，但偶尔学长不在时，会由我们四个女孩子来调味。我们很怕煮失败，所以总是每加一点酱油就试一下味道，直到所有人都觉得够味之后才会端上桌。

道场内的练习场和厨房是分开的，平常很少看到练习的情景。刚开始，一边听着练习的撞击声一边切菜，感觉还有点不太习惯，而且也不太敢直视全身上下只穿着一条丁字裤的男同学。不过，久了之后就适应了。刚加入社团的那段期间，我真的很怕听到身体相撞时，骨头与骨头发出的声音，所以都不敢看社员们练习。

相扑社的社员都是跟石浦教练一起住，过着团体生活，并由干事负责做晚餐。星期六、日的早上，我们会到宿舍做午餐，做完后就回家。虽然一周七天都有工作，但其实不会很累，社团活动结束后，回到家还有许多时间。因此，我每周还会有一天，额外参加由社会人士组成的男篮队，从晚上八点开始练球，真的很有趣。那里的大哥哥都叫我"JK"，是高中女生的意思。我在学校完全不跟男同学说话，也不知道该跟相扑社的男社员聊什么话题，但如果对方是成年人，就可以毫无芥蒂地聊天。

我从小学就打篮球，在念前一所高中时也会每天打篮球，而且，就像这里的相扑社一样，队员们都是住在宿舍里。学校会准备三餐，篮球队规定每餐要吃两碗饭，所以我每天一大早都要逼自己吃下两碗饭，这真的很不简单。当时，我好怀念妈妈做的菜，脑中想的都是金平牛蒡与汉堡排。直到转学之后，才真正吃到妈妈做的便当，每天都能吃到熟悉的味道，而且爱吃多少就吃多少，好开心！我现在的生活很快乐。我不喜欢半途而废，所以希望在毕业之前，能够一直担任相扑社的干事。

16

Tokiyoshi Ishiura

16

石浦外喜义

鸟取县鸟取市

我在二十四岁时进入鸟取城北高校担任体育老师，还兼任舍监工作，却不是正式聘任的教师，那段时间我对未来感到相当茫然。只是当时我还从之前任教的国中，带着学生加入这里的相扑社，不可能真的辞职。就在那个时候，现在的老婆问我："你有好好吃饭吗？"于是开始帮我做便当。她比我大两岁，是一位保健老师，目前跟我在同一所学校任教。

双层便当盒中放着厚煎蛋卷或香肠，每次吃完便当，就会感到精神百倍。老婆做的菜都好好吃！而且她还会很开心地跟我说："要是你不嫌弃，我就每天做菜给你吃。"

说到便当，上次带便当是念高中的"饭桶"时期。老实说，我曾经是棒球队队员，梦想打进甲子园。我就读的石川县金泽高校有一位冈老师，他就是前横纲力士轮岛的启蒙恩师，所以该校的相扑社在当地有非常高的地位。基于好奇心，我有一次偷偷去看相扑社的练习情形，没想到相扑社社长不但主动跟我打招呼，第二天竟然还到班上来找我。在我还搞不清楚状况之下，就答应到相扑社观摩了。话说回来，当时我一心只想打棒球，再加上我的体重只有五十五公斤，要是真的加入相扑社，后果可能会不堪设想，于是，我决定向冈老师表明心志，退出相扑社。冈老师的个性非常严厉，所以我很战战兢兢，没想到，老师根本不管我刚吃完便当，立刻带我到学校餐厅"吃饭"，向柜台点了"两碗猪排盖饭和两碗拉面"。看到老师这样，我根本说不出任何话来，只能拼命地吃。老师吃完后就先回家了，后来还称赞我："你很厉害，我走之后你有把点餐全部吃完。"

从那之后，我就成为一个名副其实的"饭桶"，而且决心成为一位相扑力士。老师拿一个很大的便当盒给我，要我装入满满的饭，再将配菜铺在饭上。妈妈还将厚煎蛋卷做成炒蛋。吃晚餐时，妈妈会将剩菜全部端上桌，堆得像小山一样，我怎么吃都吃不完，吃到一半还要休息，等到一回神，才发现已经早上了。

尽管如此，二年级时我在县内大赛获得第二名、三年级时则夺下全县冠军。高中毕业时，体重更高达七十八公斤。我对冈老师身怀感谢，他真的很厉害。

结婚时，我跟老婆说："我有三个小孩，请你多多费心。"她回答："三个小孩就交给我照顾吧！"从新婚时期开始，我们就跟相扑社的孩子们一起生活。而且每年都会增加新成员，现在已经有十四个小孩了。六年前，终于盖了梦寐以求的独栋住宅，所有人一起住在新家里。至于饮食生活，我们也做了一些调整。从三年前开始，改由社团干事在学校做晚餐。自从带干事们去采买食材后，才发现过去都是老婆一个人做这么多菜，她真的很辛苦，既要处理学校的事务，还要采买食材，晚餐还要煮十二公斤的饭、做大量的菜。结婚后，她一直过着这样的生活，我对她的感谢已无法用言语来道尽。

采访鸟取县相扑社 

我家相当特别。一年到头，家人之间都围绕着“便当”的话题，最近，就连夫妻吵架也跟便当有关。正确来说，因为我们一直在寻找“吃便当的人”，所以这件事经常让我失去理智。

那一天晚上也是如此。吃完晚餐，正在悠闲地喝茶时，老公阿了突然跑到我眼前说：“关于下次要采访的便当……”我立刻发了一顿脾气。由于我是负责执行的人，要负责打电话联络采访对象，因此，我最大的愿望就是能在一天结束时彻底放空。发完脾气后，我跑去跟女儿玩相扑，转换心情。就在此时，我想到了一个好点子。我问阿了：“你想不想去看相扑社的孩子们都吃什么便当？”看来就连我的思考逻辑，也完全绕着“便当”打转。阿了听了我的点子，立刻开心地拿出自己的笔记本说：“听说鸟取县有女子相扑社耶！”

决定了！下次就去采访相扑社吧！寻找吃便当的人，往往会带来意想不到的收获。

抵达鸟取县的城北高校时，校方人员立刻带我们到保健室。我知道训导主任石浦老师也是相扑社的教练。训导主任、教练、保健室——不知道在保健室等着我们的，是什么样的人？一踏进保健室，就看见三个重达一百公斤的学生围着桌子，一脸认真地比着腕力。石浦老师一看到我们就举起手打招呼：“哦，你们来啦，欢迎欢迎，这边请。”在比腕力的过程中，石浦老师不禁脱口说出：“唉，真是烦恼啊！”

眼前的男学生是几天前在全国大赛中，成功夺下冠军的相扑社社员，出色的表现令人激赏。明明应该要沉浸在喜悦之中，却还有事困扰着石浦老师，追问之下才知道，原来在下一次大赛之前，还有一场在巴西举办的邀请赛，虽然很想参加，却因为会耗费太多体力而无法成行。

学生们回去教室上课后，石浦老师感触很深地说：“我很喜欢吃便当，每当我低潮的时候，只要吃到老婆做的便当，就能恢复活力。虽然每次都说我是为了便当跟老婆结婚，惹来老婆一顿骂，但只要跟她

说便当真好吃，她就会笑得很开心。”

石浦老师的长相看起来很有威严，却在聊天的过程中变得愈来愈和善。于是我抓住这个机会，毫不犹豫地鞠躬请求：“石浦老师，请让我们采访你。”这就是采访者的直觉。

阿了以前调查的相扑社女社员如今都已毕业，现在只有男社员。由于男社员都在学校餐厅吃午餐，因此，这次原本只打算采访社团干事田中亚子的便当，最后临时改成采访田中同学与石浦老师两人。

石浦老师不只是训导主任，也是保健老师，他的办公桌就在保健室里，解开了为什么要在保健室采访的谜题。他的夫人美智代小姐同样也是保健老师，夫妻就坐在隔壁办公，令我们大感惊讶。更令我们讶异的是，原以为相扑社只有在学校的社团活动时间才会运作，没想到保健室简直就是“相扑社的社办”。十四位相扑社社员全都住在石浦老师的家里，就连吃饭睡觉都在一起。

放学后，石浦老师邀请我们参观练习过程，顿时感到心头一热。骨头相撞发出啷、啷、啷的声响，硕大的身体激烈撞击，紧缩的肌肉在肌肤上透出粉红色，不断冒出的汗珠闪闪发光。这个画面实在是太美了，让人不禁看得入迷。

石浦老师不胜自喜地说：“我老婆结婚前很讨厌相扑，后来我不断带她去看比赛，看久后就爱上了。她说，没想到那些剃着光头的小鬼这么厉害。”

看了他们的练习过程之后，我也觉得自己并不讨厌相扑。即使如此，我依旧觉得甘心成为相扑社总管的美智代小姐，具有超乎常人的耐心与毅力。“我们三餐都会跟孩子们一起吃。如果他们不吃饭，肯定发生了什么事，所以我们必须随时关心他们、照顾他们。”回想起人生的重要关卡，总是与食物息息相关的石浦老师，这一席话令我们充分感受到他对这些孩子们的用心。

相撲
稽古
体

嘘のない稽古
心技体

17

Hitomi Shinmyo

17

新名仁美

栗林公园掬月亭

茶室接待员

香川县高松市

经常有客人对我说："好羡慕你能在景色如此优美的地方工作。"我也深有感触。从去年秋天在这里工作之后，虽然只过了短短半年，但我每天都迫不及待地来到这里。一大早就先从打开一百二十八片防雨板开始，两个人一起做总共要花二十分钟。如果仔细观察内部空间就会发现，到处都有用来收纳防雨板的地方，所以可以整理得十分洁净。这里的榻榻米应该有一百六十叠吧，用扫帚扫过后，再以干布来清洁柜子和地板缝隙。打扫时动作要非常小心，避免留下刮痕。

到这里工作之前，我都是坐在办公室里处理行政工作。把小孩带大，女儿与儿子都顺利成家后，这几年还帮忙带孙子。好不容易可以放下一切，好好地为自己打算时，就看到这里的招聘启事。以现在的年纪来说，这可能是我的最后一份工作了，正因如此，我决定要做自己喜欢的事情。

过去，我也经常来栗林公园玩，茂密葱郁的松树真是美极了。不仅如此，还有杜鹃花、藤蔓、樱花、莲花，秋天还有枫叶可以欣赏，一年四季皆展现不同的风情。我最喜欢在掬月亭眺望南湖，一边优雅地品着抹茶。这次将由我负责点茶[搅拌抹茶]，所以我现在斗志高昂，希望能让来自全世界的旅客都能尽兴而归。

我从以前就很喜欢日本传统文化，比起西式建筑，更向往这里的日式氛围。更重要的是，我最爱和服了。回想起小学三四年级的秋季庆典时，妈妈让我穿上和服，我简直乐不可支。其他同学早就回家了，只有我一个人因为不想脱下和服，一直在神社待到很晚。回家后还被妈妈臭骂了一顿，直问我："到底跑到哪里玩了。"还记得那是一件白底、绘有菊花图案、袖子很长的和服，不是浴衣哦！

我的父母都在务农，遇到烟叶的采收期时，他们一大早就要出门。通常我们这些孩子起床时，他们早就在田里工作了。为了减轻父母的负担，我从念小学起就要帮忙烧洗澡水或打扫家里。对了，我还记得我煮了一锅汤很稀的咖喱。不知道为什么，就是煮不出像现在一样的浓稠咖喱。我从小就吃父母种的蔬菜长大，所以直到现在，仍然非常喜欢炖煮的根茎类蔬菜，今天的便当里也有带哦！

最近，儿子和女儿回家时都说想吃蔷薇寿司。蔷薇寿司就是在醋饭里拌入切碎煮熟的香菇、莲藕、魔芋与红萝卜，然后再洒上蛋丝、豌豆与红姜。虽然作法很简单，但就是有我的味道。就连平时习惯上网查食谱的女儿，现在都拿着笔记本，问我芋头要怎么煮、炖饭要怎么做呢。

今天的客人不多，像这样的日子，我们会悠闲地轮流吃饭，但有时候也可能突然涌进两百名团体客，遇到这种情形，真的像打仗一样，必要时还会拿着椅子到厨房去，迅速吃完便当。这份工作完全取决于体力，所以一定要好好地吃饭才行。

18

Yang Yong-soo

18

梁 永洙

Girls 女装店

店主

山形县鹤冈市

以前接受采访时我都要脱衣服。什么？不用脱？还是我穿坦克背心好了？……穿这样就好吗？好，那就这样吧！当我还是健美先生时，通常都要裸上身摆姿势拍照。我都忘了，今天要拍的是便当，那就连摆姿势都省了。

我的便当菜每天都一样，就是水煮蛋与饭团。我很清楚自己的身体状况，这是最好的饮食内容，也是为了维持健美先生的身材。

我每次都吃五颗蛋，今天碰巧跟太太说要三颗蛋，所以才带三颗蛋。为了维持肌肉结构，必须多摄取蛋白质，但不吃蛋黄。炒肉或蔬菜时也几乎不用油。每年为了参加夏季大赛，我得先瘦下十公斤，所以从春天开始就完全不喝酒、不吃油腻食物与甜食。一到秋天和冬天就恢复正常饮食，也会喝酒。其实我很爱喝啤酒的，每次都大口大口地喝，过了一个冬天就胖十公斤。胖了之后再减肥，不断重复这个过程。

我在去年的比赛中获得了很好的成绩，这本专业的健美杂志还登了一张我的照片，虽然版面不大。今年，在群马县和大阪府也有比赛，到时候，我就要将店交给别人，专心参加比赛。

我在韩国时曾在女装店工作过，所以才会想运用过去累积的经验，在日本开店。你不觉得女性的服装都很可爱吗？不过，再过不久这家店可能就会收掉了。在韩国经营电视台的父母，要我去马来西亚帮忙处理当地业务，我打算带妻子和两岁女儿一起去。

我从小生长在韩国的仁川。念书时也是带便当，当时使用双层饭盒，一层装饭、一层装菜。初中时的便当是妈妈做的，但升高中后就自己做了。我就读的高中在首尔，所以自己搬出来住。白天在学校上课，晚上则去打工，剩下的时间就全部拿去做训练。我从高中开始练健美，健美在韩国人眼中，就像棒球之于日本人的意义一样重要。只要拿下好成绩，就能上好大学。有些日本人看到健美先生发达的肌肉会大喊“好恶心”，但在韩国，健美先生是相当受欢迎的。

高中三年级，我参加健美比赛夺下冠军，那一天妈妈带着杂菜［蔬菜炒冬粉］便当给我吃，我到现在仍记忆犹新。当时可是拿下了冠军呢！这个回忆永难忘怀。我们家的杂菜会用海苔包起来，我偶尔也会做。不过，因为做起来比较花时间，所以都是远足或是亲友聚会时才会特别制作。

我会做菜。高中时我一个人住，所以非得自己煮饭不可。我会炒卷心菜，或是用辣椒酱炒肉，只要有一道菜就够了。而且为了顾及健康，完全不使用化学调味料。

现在的生活状态，完全是为了比赛而改变的，所以我会尽全力参加这次的比赛。你是不是也开始对健美比赛感兴趣了呢？我来摆个姿势给你看看吧？说真的，为什么这次的采访主题是便当呢？

19
Yoshihiko Fujita

19

藤田义彦

名护咖啡

咖啡豆栽种农家

冲绳县那霸市

我最喜欢春天，可以在花香的围绕下品尝咖啡。这种时候什么事也不用做，只要悠哉地放空。咖啡树开的白色花朵，看起来就像积在树枝上的白雪，散发出如东洋兰般的高雅香气。而且花期很短，开一天就凋谢了。

好不容易等到咖啡果实熟成变色，从现在到二月是咖啡豆的采收期。通常，我会跟老婆一起到农园工作，午餐也是两个人一起吃。主食都是面包，配菜则是适合搭配面包的料理，再加上一杯咖啡。老婆亲手烤的面包真的很好吃。有一次，她将咖啡果实当酵母使用，制作 pain de campagne[法式乡村面包]，没想到烤出来的面包香气十足，面团也发酵得较快。因为真的太好吃了，我们家已经吃了超过十年。抹上冲绳产的山羊奶酪，味道更是一绝。夹入腌苦瓜也非常美味。

小时候养成的习惯真的很有趣，虽然午餐吃面包，但早餐一定要吃饭。我在京都出生，早餐都吃茶泡饭。我妈妈很会做米糠酱菜，她每次都要我在酱菜还没变色前吃掉，我会一边哭一边生气。因为太害怕被骂，每天早上一想到餐桌上有酱菜在等着我，就会慌慌张张地惊醒。快过年时，妈妈还会腌萝卜干。走道上摆满了木桶，里面腌的萝卜干足够吃上一整年。就算没有其他配菜，还有腌菜和白饭可以吃，现在想想，那是最丰盛的料理。

爸爸在我一岁时过世了，妈妈一人养育四个小孩，还要经营从江户末期就开店的藤田照相馆。每次帮客人拍团体照时，妈妈都会点燃镁粉充当闪光灯。身为家中最小的小孩，我每次都要帮忙拿沉重的木制三脚架。店里的用品都很老旧，每次帮忙时都觉得很丢脸。

我在三十八年前来到冲绳，当我在伊丹机场拿出护照时，海关人员对我说："从今天起，出入冲绳不需要护照了。"我在从事造园工作时认识了山城老师，他是教导我种植咖啡豆的恩师。老师冲泡的咖啡真的很好喝，让我也想"种出美味的咖啡豆"。于是，我拜托山城老师送我二十盆苗木，开始种植咖啡树，后来慢慢发展成现在的规模。我在名护市与南城市总共有近两万平方米的咖啡农园。

栽种咖啡树至今十七年，我很庆幸能以自己的步调，不慌不忙地完成工作。采收变成红色的果实之后，泡在水里使其发酵，再剥除果肉，将种子放在太阳下晒干。接到订单后，再拿出已经醒好的种子，剥壳烘焙，最后就是包装出货。冲绳没有会危害咖啡树的害虫，因此不需要喷洒农药，也不需要消毒，摘下新芽就能直接泡茶喝，没有任何健康上的疑虑。

每年秋天举办"冲绳产业祭"时，我都会剪下一段结实的树枝带去。遇到参加产业祭的民众，就拿出果实跟对方说："这个很甜，请吃吃看。"他一吃下口，我就会递一张面纸给对方，并建议他将种子种在庭院里。每年我都会这么做，希望能让冲绳各地种满咖啡树。我希望有更多人加入种植咖啡树的行列，因为这是不伤害大自然的环保农业。我深信总有一天，长臂虾和螃蟹一定能重回干净的河川生长。

20

Yaeko Yamaoka

20

山冈八重子

高津屋伊藤博石堂药店

兼职人员

岛根县鹿足郡津和野町

我的工作就是将汉方胃肠药“一等丸”寄送到日本各地，没有吃过药的客户无法寄送，但若是以前买过、吃过的客户打电话来订购，我就会请他们稍等一下，立刻翻阅客户数据本，确认地址与过去的记录。店里使用的客户数据本，是从昭和时期沿用至今的手写笔记本，里面记录了从北海道到冲绳，开店几十年来的客户资料。老实说，从事这份工作之后，我感到相当惊讶。“一等丸”在津和野一带是非常知名的药品，就连我家的厨房抽屉里也有一罐。不过，如果站在店外观察，会发现根本没有人走进店里，店内看起来十分安静。但其实日本各地都有人打电话过来，再加上要帮忙处理店面事务，我经常忙得不可开交。

现任药局老板龙一郎是第八代接班人，他和我先生与我都是高中同学。龙一郎跟我先生都是土生土长的当地人，而我虽然出生于津和野町，但老家是在位于山间的旧日原町，从祖父那一代就是茶农。由于家住得太远，无法骑自行车通勤，所以我从国中开始就住校，高中则在学校附近租房子住。高中时期我就自己开伙，便当也是自己做的，里面放着厚煎蛋卷、烤鱼糕，以及妈妈让我带回的配菜。每次周末回家时，妈妈一定会准备一些菜要我带回宿舍，像是今天带的柚子味噌以及糖煮涩皮栗子，都是妈妈的爱心。其他还包括山葵渍酱菜、辣渍茄子与红烧香菇这些便于保存的料理。每到学校的午餐时间，住家里的同学还会从便当里分炖菜类的料理给我呢。

不瞒你说，其实我很偏食，可以说是从小吃厚煎蛋卷长大的。以前学生时期曾经腿部开刀住院，因为我完全不吃蔬菜，医院厨房还特地每天做厚煎蛋卷给我吃。妈妈知道这一点之后勃然大怒，拿出青汁[植物饮品]骂道：“你如果不喝这个，就不准吃厚煎蛋卷。”另外，我也很喜欢吃腌梅干，只要有腌梅干和萝卜干，就会吃得很开心。我真的偏食很严重，对吧？不过，我现在什么都吃，婚后都是由婆婆煮饭，不敢跟婆婆说自己偏食，幸亏这样，才矫正了我的饮食习惯。

说到腌梅干，我想起了以前学校远足的趣事。有次远足时，一打开便当盒就看到一朵漂亮的“山茶花”。妈妈先用梅子醋将饭染成红色，捏成花瓣形状，再用厚煎蛋卷摆出花蕊造型，还放上树叶点缀。由于造型相当简单，即使是孩子，也能一眼看出那是山茶花，同学们纷纷发出赞叹的惊呼声。妈妈平时忙于农作，但在这个时候，特别能感受到她的爱。

今天吃完午餐后，还要继续写寄送资料。长这么大才发现，茨城县[いばらきけん]的“き”，汉字是“城”，原来日本地名有这么多好玩的事情。每逢岁末年终，店里都要寄屠苏酒给老客户，数量高达一千份。以前都是由龙一郎一个人亲笔写信，向所有客户寒暄致意。后来他的身体状况大不如前，现在就由我来协助。不过，再怎么说我也不可能帮他写信，只能帮他写信封，尽量减少他的负担。虽然我的字不好看，但写地址时相当用心。

不过，《药事法》修改后，已经再也无法像以前一样，将“一等丸”直接寄给客户。每次接到订购电话，客户询问何时能收到药品时，我都觉得好遗憾，不知该如何回答才好。

21

Susumu Nihei

21

二瓶 晋

NIKKA WHISKY 株式会社

威士忌酿酒师

宫城县仙台市

小时候，同学都叫我“昆虫博士”或“生物博士”。这附近有一片森林，不只有羚羊和熊出没，还有蝉、无霸勾蜓、蝴蝶、独角仙等昆虫，河里还能抓到小鱼或汉氏泽蟹。我从小生长在离这里三十分钟车程的秋保町，小学每班只有十几名学生，全校师生都彼此认识，不会太大也不会太小。话说回来，我从来没想过自己会这么早回乡工作。

大学毕业后，我进入朝日啤酒工作，第一年在茨城县的工厂学习啤酒酿造技术。第二年决定跳槽到 NIKKA WHISKY，于是就在宫城峡的蒸馏所待了三年。在宫城县的大自然环境中成长的经验，形塑了我现在的价值观。能够将自己家乡酿造的酒推广到全世界是最令人开心的事了。这里的枫叶虽然迷人，但我觉得最撼动人心的还是春天的新芽。当初相隔几年重返故乡时，还被这里青翠茂盛的绿意闪得睁不开眼睛呢。

我的工作是管理生产线，负责研究如何让无色透明的威士忌，在放入木桶储存后更加美味，并研发相关技术。威士忌的品尝重点在于香味，但香味来源有很多，包括储存木桶的香气、原料的香气或是发酵的香气，这是一门相当深奥的学问。从事这份工作之后，我才懂得不同香味的特性，真正体会美酒的魅力所在。

我觉得料理也一样，有些道理必须要自己做菜后才会发现。由于我一个人住，只要没有聚餐邀约，我都会自己煮晚餐，同时做好第二天中午的便当。今天带的便当就是昨晚做好的，我可是特别用心做便当哦。大学时在学校餐厅吃到美味的辣炒鸡肉，于是就以自己的方式试着做出来。先用西红柿酱将炸鸡炒成红色，再加入豆瓣酱增添辣味，淋上中华酱汁让颜色深一点，最后再勾芡就完成了。我觉得马铃薯沙拉很难做，老是做不出满意的成品。今天也是刻意拌入咖喱粉调味，才能蒙混过关。

刚开始自己住的时候，妈妈很担心我。为了上大学而搬到千叶县的那一天，妈妈来帮我搬家，回家前还教我如何洗米。我那时真的一点家事 都不会做，后来跑去超市买猪排，独居后的第一顿晚餐就是猪排饭。到现在我还记得一清二楚，那是我的原点。从此之后，我会参考食谱，烹煮马铃薯炖肉、味噌鲭鱼，即使没有食谱可以参考，我也会发挥创意，调理出自己的味道。最近，我用威士忌桶的废材取代木片，外面围上瓦楞纸箱，制作烟熏料理。威士忌桶是历史悠久的橡木材质，绞碎之后拿来烟熏食物，虽然不会熏出威士忌的香味，却能增添奶酪与鸡翅的深层美味。唯有拿来烟熏青椒时，才会熏出一股不好意思让别人闻到、难以形容的味道。

如果能遇见好女孩，我希望做各种美味料理给她吃。不，我希望她能做好吃的菜给我吃。采访前，主管千叮咛万嘱咐，要我说：“希望能有温柔贤惠的女孩做便当给我吃。”

22

Tamami Yugawa

22

汤川珠实

若松图书馆

图书管理员

长崎县若松岛〔五岛列岛〕

我绝对没在减肥，便当之所以这么小，是因为我晕车晕得厉害，每逢移动图书馆日我都吃不下饭。我负责的若松乡地区总共有三条路线：每月第一个星期四要走A路线、第二个星期四要走B路线、第三个星期四要走C路线，每条路线都很蜿蜒曲折。受到历史影响，若松岛有许多秘密天主教徒，这些因德川幕府禁止天主教，只能偷偷信仰的天主教徒，将房子盖在悬崖下方的海边，每次看到他们的家都觉得不可思议。过去是以船为主要交通工具，一直到很晚才开始修整道路。每次开在沿着海边、没有护栏的山路上，司机小川先生还要注意是不是有雉鸡或鹿穿越马路。遇到下雨天，开起车来更是胆战心惊。

一抵达巡回场所，便开始播放电影《龙猫》的主题曲，孩子们就会骑着三轮车前来，还有三位大婶会配合歌曲节奏走来，每个巡回点都有许多人期待着我们的到来。甚至还有一位老奶奶，不论刮风下雨都会耐心地等候，她曾经对我们说："我每次都很期待你们来，这种心情就像是要见初恋情人一般。"正因为有他们，更加深了我们风雨无阻的决心。

在现在开的这辆"山彦二号"之前，有一辆取名自绘本《古利和古拉》的车"古利古拉号"，深受若松岛当地居民的喜爱。可惜后来因为使用年限的关系，不能继续在日本开了，因此捐赠给非洲国家。后来向孩子们说明这件事，开着"山彦二号"巡回各地小学时，孩子们纷纷跑出来围观，你一言我一语地说："咦？换车了耶！"、"连名字也变了"、"小珠姐姐不见了"。我在后面听到他们的童言童语，不禁扑哧一笑，接着又听到其他人说："小珠姐姐一定也去非洲了"、"一定是这样"。于是，所有人都接受车子与我一起不见的事实，原来在他们的心里，我跟移动图书车是一体的。

午餐只有我和小川先生两个人一起吃便当。我的父母经营便当店，因此，每天早上我都会从早上现做的料理中，自由搭配便当菜。我更小的时候家里开肉店，爸爸都跟妈妈说："你只要负责试味道就好。"妈妈也将这句话当真，没想到开店之后生意相当忙碌，妈妈只好也学着做菜，她每次都说："都是因为会做菜，才害我这么忙。"现在想想，小时候妈妈做的便当真的很好吃，由于生意忙碌无法照顾我，只好用心做便当，将她的爱融入料理之中。

近来，有很多妈妈一到学校运动会，就会拿多层便当盒到店里，买现成的家常菜带便当。妈妈每次都会问："是谁要吃这个便当？"再依照孩子的年龄捏"饭团超人"，在便当里放入孩子爱吃的菜。其实我也一样，如果有妈妈要我推荐给小孩看的书，我一定会问对方，她的小孩喜欢哪位作家、平常都读什么书等等，最后才推荐适合的书。我和妈妈都喜欢看别人脸上绽放出的开心笑容。

吃完便当后，再继续巡回一两个地点，小川先生就会说："差不多没力气了吧？趁现在没有人，来补充体力吧！"拿出两瓶能量饮料和维生素，我们两个一饮而尽之后，重振精神，继续往下一个地点迈进。

23
Hideтaka Ota

23

大田秀隆

木口汽船代表

船长

长崎县·福江岛［五岛列岛］

这艘“海鸥号”是玻璃船身，游客坐在船舱里，可以清楚看见海底的珊瑚和热带鱼。巡游福江海中公园的行程需时四十五分钟，会慢慢通过浅海的岩场，小丑鱼、霓虹雀鲷感觉近在咫尺。除了周游船之外，我也驾驶开往久贺岛与椛岛的定期船。岛上有许多老人家，生病就医需要靠船只接驳。出航前与老奶奶聊天是我最大的乐趣。

每天早上出航前，我会尽量抽空参加教会的弥撒。早上五点起床，淋浴净身，带着老婆帮我做的便当，六点出门。途中会经过福江教会，那里从早上六点到六点半举行弥撒。我每次都会稍微早一点离席，前往港口。很多人都认为五岛的海面很平静，但其实冬天的风很强，海象相当差，某些海域暗潮汹涌。有时坐在船上会感到很不安，这个时候我就会开始祈祷，让心情平静下来。

木口汽船是岳父经营的公司，婚后我考取了船只驾照。老实说，我比较喜欢开车，婚前还在神户开了三年出租车。不过，能离开福江岛出去闯荡，这个经验相当珍贵。

说实在的，外面的食物我都吃不惯，我真的没办法接受味噌与酱油。每年，我妈妈都会在大木桶中酿造红味噌，拿来煮猪肉味噌汤，味道真的很棒。我们家的咖喱不放肉，而是改放炸红薯。使用 Hachi 咖喱的咖喱粉，加上薄口酱油与面粉，做成汤咖喱的感觉。我妈妈的厨艺很好，我很喜欢她做的炖菜，所以结婚之后，老婆很乐于向我妈妈学习做菜，而且每道菜都学得很到位。

现在回想起来，高中时每天帮我做便当的妈妈真的很辛苦。当时父母在工地工作，从事河道护岸工程，爸爸负责开船、妈妈负责帮潜水人员输送氧气。这些工作都很耗费体力，每天都非常辛苦。尽管如此，妈妈每天吃完晚餐后，一定会拿抹布擦拭木地板，将家里打扫得一尘不染。也因此，邻居们都叫我妈妈“爱干净的都美”。此外，只要是洗好的衣服，妈妈一定会上浆熨烫，就连我的棒球队队服和内裤也都烫得直挺挺的，每次穿上之后都会摩擦皮肤，感觉很痒。

父母在三年前相继过世，老婆与公婆相处融洽，而且她跟我爸爸很聊得来，我很感谢她的付出。老婆家里有九个兄弟姐妹，所有人一起在木口汽船工作，内人负责接电话、处理行政事务。家人团结一心，其乐融融，我从来没听过他们兄弟姐妹吵架。

我家冰箱里还有一些妈妈在世时做的味噌，每次煮猪肉味噌汤时，一定会加入妈妈做的味噌。这些仅剩的味噌真的太珍贵，过没几年，恐怕就不能再做猪肉味噌汤了。

西肥バス
23-30

24

Kuishinbo-Kamen

24

假面贪吃鬼

大阪摔角

摔角选手

大阪府大阪市

为了避免摇晃便当、弄乱里面的菜，今天早上我可是小心翼翼地抱着便当过来。要是弄倒了，别人会以为今天的便当造型是另一位摔角选手“惠比寿”，我一定会被老婆给骂死。老婆每次都会费尽心思，给我惊喜。之前有一次打开便当，竟发现里面是一颗“爱心”，因为怕被别人看到，我赶紧弄成四方形。都这么一大把年纪了，吃爱心便当真的很难为情。

除了星期一之外，大阪摔角每天都有比赛，所以我每天都带便当来，趁着休息时间吃。晚上会尽量回家，跟家人一起吃晚餐。老婆问我晚上想吃什么时，我就会回答：“只要有烤鲭鱼、鸿喜菇味噌汤、放了蟹肉棒的沙拉这三道菜就够了。”像这样跟老婆点完菜后，就会听到老婆用很小的声音说：“贪吃鬼假面其实是小鸟胃。”我在外面的名声可是大胃王呢！

我是在初中时决定要当一位摔角选手的。当时去看摔角比赛，还刻意走在摔角选手旁边，心想“他跟我差不多高嘛”，于是觉得自己也能从事这一行。有些摔角选手会在场中跳来跳去，利用边绳飞来飞去取悦观众，炒热现场气氛。自从知道小个子也能当摔角选手之后，我真的很开心。念小学时，每次一说要玩游戏，我一定会提议玩摔角，跟同学在教室后面比赛。如果有跳高用的软垫，就会摔来摔去，然后跟同学说：“我觉得我今天状况很好，你可以让我试试看德式翻摔吗？”这么乱来还没受伤，只能说是当时的运气太好了。

我儿子现在就读小学一年级，他最讨厌陪我玩摔角游戏，因为我每次都会太认真，还会使出四字固定、阿基利斯固定等招式。老婆以前也是女子摔角选手，只要我跟儿子玩起摔角，就会觉得我的招式太过分，出声制止我。前阵子我儿子走路一拐一拐的，我问他：“你的脚怎么受伤了？谁弄伤你了？”儿子回答：“是爸爸弄的。”我觉得自己好像太过分了，从此以后只好改玩“假面骑士游戏”。

十八岁时，我搭乘夜行巴士，离开德岛前往东京。前五年到处打工，做过更换铁轨枕木的工作，也曾到水电行帮忙挖沟渠，同时还在郊区的摊贩市集表演摔角。当别人问我做什么时，我还不好意思说自己是摔角选手。成为“假面贪吃鬼”，终于一圆我从事摔角工作的梦想。放眼全世界，完全不说话的摔角选手可能只有我一个吧！我只靠肢体语言沟通。主持人访问时，我就以打嗝来回应。说真的，我很喜欢说话，这个形象对我来说是很大的挑战。

话说回来，我认为每个人都有自己应该扮演的角色。“假面贪吃鬼”就像小丑一样，是摔角比赛的配角，入场时要发点心给观众。现在我出场时，还会有观众将点心套在我脖子上，一边拍手、一边大喊“贪吃鬼，恰恰恰！”为我加油，孩子们也会给我支持鼓励。我真的非常热爱摔角运动，如果有来生，我还是要当摔角选手。不过，希望来生我是一个全身肌肉、充满男子气概的摔角选手。

25

Yasuhisa Tani

25

谷 泰久

高知县土佐郡

日本邮局土佐山田分局

邮差

我从小生长在土佐郡，经常骑脚踏车来这里玩。当我还是个小萝卜头的时候，就喜欢骑着脚踏车到处乱晃，每次骑到很远的地方去，就觉得很开心。在这附近绕一圈大概有二十公里，有时候自己一个人来，骑到山顶就已经饿到动弹不得了。现在回想起来，那就是运动员常见的“撞墙期”，由于血糖下降导致无法用力。但那时还只是个小学生，哪知道这些知识，还以为自己要死了，就这么回家去了。你看，那里有一块大石头，我一看到那颗石头，就想骑脚踏车飞过去。后来跌得满身是血，有一个不认识的人发现我受伤，还帮我包绷带。骑脚踏车就像是一趟冒险旅程，那种兴奋的感觉到现在还记忆犹新。

因为从事邮差工作，我每天都要骑摩托车，真的很开心。今天早上十点半从邮件集散中心出发，越过对面那座山，还有那一座、这一座……没错，这里都是山，换算下来，我总共要骑四十公里。午餐就放在摩托车的置物箱里。我在两个月前结婚，才刚与太太展开新婚生活。婚前几乎都是买超市便当吃，现在则是太太帮我做。

关于便当，我好像没什么特殊回忆。记得小时候曾经拿着一本书，指着里面的熊猫问妈妈：“你会用海苔做熊猫吗？”于是妈妈就照着书里的照片做给我吃。说到这个，小学远足的时候，因为我很想带竹叶包的饭团，还约了几个同学去山里摘竹叶，然后问附近的大叔：“这个叶子能不能包便当？”大叔亲切地告诉我们什么样的竹叶可以包，后来就摘了可以包饭的竹叶回家。回家之后，我还拜托妈妈：“不用配菜也没关系，可是一定要用竹叶包饭团。”打开竹叶饭团的刹那，真的觉得很感动。比起食物的味道，我总是更期待便当“造型”带来的乐趣。

话虽如此，我从没跟太太要求过“我想带熊猫便当”，有点不好意思说。不过，今天我有跟太太说便当不用做得太华丽。原本她还要拿过年时装年菜的多层便当盒出来，我跟她说用平常的便当盒，饭也跟平常一样就好。为了方便，平时我都吃圆筒状饭团。

过去我也曾离开故乡，到外县市担任越野摩托车手，以比赛来维生。但我太爱土佐郡，一心只想振兴故乡，所以就回来了。回来之后成立了“A-TEAM”，每年举办一次搞笑大会，大家一起唱歌跳舞，还有落语表演。我们会邀请当地居民一起演出，表演内容全都是我自己想出来的点子。地区活动中心不仅客满，甚至还有人站着欣赏表演。我希望能让其他地区的居民觉得，土佐町是个有趣的城镇，让所有从外地嫁过来的媳妇，庆幸自己嫁到了好地方。这就是我们“A-TEAM”所有成员的目标。送信时，遇到居民问：“今年还要办吗？”的那种感觉真的很棒。

不瞒你说，小时候只要是阴天，妈妈就不准我出门，所以我一遇到阴天就会感到很落寞。就连现在也是一样，只要看到阴沉沉的天空，就会觉得坐立难安。因此，我会想象加州的蔚蓝天空，让自己愉快起来，再骑着摩托车出门逛逛。

26

Midori Shinohara

26

筱原 绿

冈部版画工房

商品管理

神奈川县足柄上郡

我每次只要一拿出烤架，打开瓦斯炉，就会忘记自己在烤鱼，还曾经将盐渍鲑鱼烤成焦黑一片。今天早上难得想起来，烤到一半时还偷偷打开盖子看，没想到……我竟然没放鲑鱼！赶紧将鲑鱼放进去后，中途又掀开四五次，避免将鱼烤焦。我也喜欢烤用味噌腌过的鱼，还曾经将秋刀鱼和星鳗做成蒲烧口味带便当。不过，我觉得最适合带便当的鱼料理，还是烤盐渍鲑鱼。我喜欢将菜豪迈地放在饭上，而且我喜欢吃甜的，所以也带了用砂糖煮过的生麸[生面筋]。

我是在版画工房工作之后才开始带便当的，至今已将近四年了。在此之前，我是个自由设计师，负责设计宣传手册或广告文案。平时在家工作，经常为了赶稿三四天不出门，当然不可能带便当。不过，虽然宅在家里工作，我还是会做菜转换心情。住家附近有蔬果摊，我习惯去那里买菜，老板还说我看起来不像是一个人住。我觉得蔬菜就是要吃新鲜的，所以每天都会买。

以前侄女到我家玩的时候，曾经问我："阿姨，你吃蔬菜时都蘸什么？"我只洒盐或蘸醋，完全不放沙拉酱、美乃滋、西红柿酱或任何酱料。我家只有酱油、味噌以及酸橘醋，调味方式非常单纯。我喜欢这样。冬天就在豆腐锅里放入白菜、菇类与肉丸子一起煮；夏天就做凉拌豆腐搭配凉菜。或许是因为我从小就吃奶奶煮的菜长大，所以很喜欢吃炖南瓜、腌牛蒡这类料理。

除了我之外，在这里一起工作的另外三位同事加藤、牧岛和伊津都是网版印刷师。来这里工作之前，我对版画一无所知，看到他们手工刷网版的作业方式后，让我感到非常惊讶。印刷师必须将创作者画的图做成好几个版，以手工方式不断调整颜色，刷出一张张成品。每次都要刷很多版，非常辛苦。创作者会到这里来，与印刷师一起完成作品。我的工作内容是管理作品库存与发票、请款单等文件，还要制作寄给艺廊或个人顾客的目录与广告传单。老实说，我不适合做行政工作，因为这类工作永远都做不完，没有结束的一天。

从家里到公司必须翻过一座山，这里给人的感觉十分悠闲，仿佛是另一个世界。我每天早上都跟同事伊津约在小田急线的涩泽车站见面，再搭他的便车。从车站到工房开车大约十五分钟，沿途还会遇见鹿、貉，或是雉鸡爸妈带着雉鸡宝宝在路上走。工房傍晚六点半下班，我再搭伊津的车翻越山头，转车回家。每天在山里都有与世隔绝的感觉，附近还有一条往山下流的中津川，每到夏天，就会有一群孩子在河里玩耍，感觉十分祥和。

画家堀越千秋先生在我们这里制作作品时，经常穿着一条短裤从河里回来，跟我说他刚刚去游了一下泳。有时休完假回来上班，会看见我的拖鞋晾在外面。同事跟我说："堀越先生穿了你的拖鞋去河里游泳。"我心想，哎呀！被他摆了一道！不只是印刷师很酷，就连画家也很我行我素，真是有趣。

27

Syuji Maeda

27

前田周嗣

甲子园球场

球场维护员

兵库县西宫市

我第一次以球场维护员的身份，在比赛中场整理场地时，心情真的很紧张。现场有五万名观众，在众目睽睽之下出场感觉非常特别。我们要先用装了爪子的拖拉机翻土，再用耙子与滚筒压平红土。在开始整理场地前，我都会提醒其他两位同仁“再确认一次整理步骤”，在脑中设想“那个区域要怎么整理”、“要不要绕到那边去”，规划好之后再开始工作。我太太和八岁的女儿有来球场看过好几次球赛，不过，我太太说她都看不到我。那也没办法，从观众席往下看，我们就像一个小点一样。对了，我女儿是忠实的阪神球迷，她热爱的是阪神而不是棒球。

无论是职业棒球或高中棒球，所有球队都全神贯注在这一场比赛上。要是因为场地不平整而出现场地安打，可能就会影响比赛结果，这种情况是大家所不乐见的。我们这些后台人员的任务，就是要好好地整理场地，给球员一个良好的比赛环境。每个选手偏好的土质硬度也不一样，必须因应需求调整，避免让选手觉得“今天的土太软，无法站稳”。

我们这一行，是由资深的球场维护员来观察球场的土质状况，再决定今天要如何整理。还要考虑何时会下雨，因为雨量的多寡也会影响到整理方法。前辈们都好厉害，每次都能精准无误地做出判断。像现在非球季期间，我们要花上两到三周，将整个球场的土翻过来，大约要挖二十厘米深，让空气进入黑土里。有一位前辈曾经说过：“就像人类的肩膀会酸痛一样，球场的土地已经工作了一整年，我们也要松松土，让它们活动筋骨，才不会僵硬不适。”唯一要注意的是，翻土时若遇到下雨，反而会功亏一篑，所以绝对不能在下雨时翻土，一定要先确认天气状况再慎重执行。

不瞒你说，我担任球场维护员才一年半。我在阪神园艺工作了十二年，一直都在造园部门。我们公司也有负责建造公园和庭院的部门，我一直在第一线工作，每天都会利用机具大兴土木。之前在三田市建造“县立有马富士公园”时，不管下雨或下雪，我每天都要去工地现场施工，就这样做了两年。当时我才结婚不久，我太太从那时候开始，每天都会帮我做便当。

我每天带的便当都跟今天差不多。我太太做过营养师，而且她也很喜欢做菜，她做的每道菜都很好吃，我最喜欢的是盐烤鲭鱼。我太太很会烤鱼，每次都烤得恰到好处、鲜嫩多汁。吃完晚餐后，我习惯坐在客厅看电视，太太就会趁这个时候帮我准备便当。早上起床后，她还会用卷寿司用的那个……对了，竹帘！她会将煎蛋放在竹帘上，像卷寿司那样卷起来，她每次都是这样做煎蛋卷的。自从调到球场担任球场维护员之后，我开始自己洗便当盒。白天来球场清洁的阿姨看到我在洗便当盒，还会称赞我是个好男人。其实我已经洗习惯了，不以为意。不过，我想可能就是因为自己洗便当盒，太太才会一直愿意帮我做便当吧！

我念大学时曾经在这个球场打过工。当时正值夏季大赛期间，在比赛开始前会先洒水，我要帮忙扶着水管。当时我就觉得这份工作很专业，相当敬佩这里的工作人员，也很想来这里工作，没想到十几年之后真的回到这里。现在，虽然觉得这份工作很辛苦，但也充满了乐趣。这里有土壤专家，也有草坪专家，完全不需要担心！

28
Mayumi Hatta

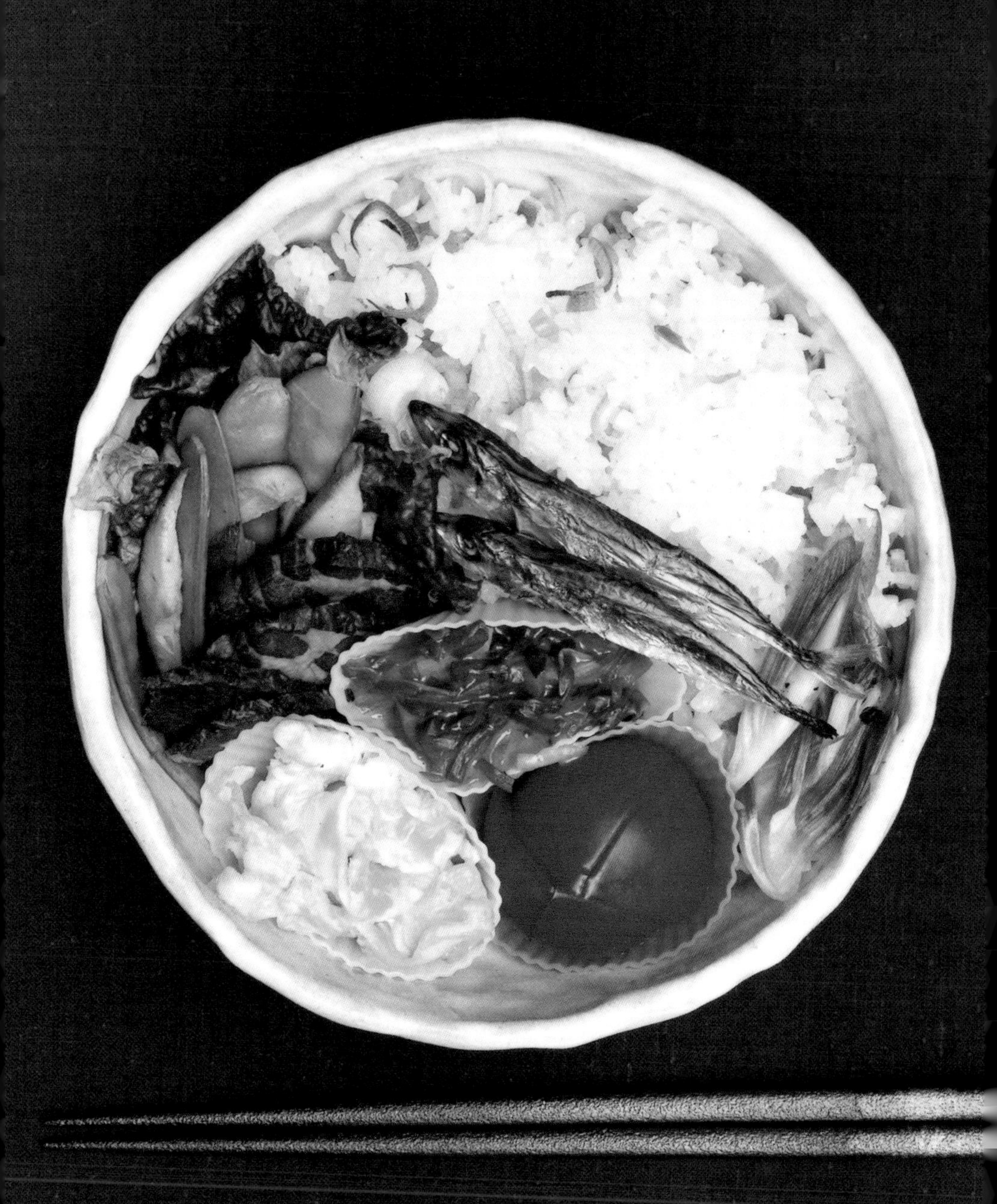

28

八田万有美

研究中心

技术辅导员

高知县安艺市

最近我都跟我先生在“大心剧场”约会，从我们住的南国市过去，开车大概要一个小时左右。如果是平日晚上，我和先生会提早下班，看晚上七点的电影；如果是假日，我们就会像今天一样看下午一点的电影。有时候过了播映时间才到，正好遇到了剧场老板豆伯在放映前先高歌三曲，就能刚好赶上电影。大心剧场不像其他的电影院，必须严格遵守播映时间，所以我很喜欢这里。豆伯是一位歌手，若是运气好，就能在电影放映的前后听到他现场演唱。

最近有些影城禁止消费者看电影时吃东西，但这里完全没有限制，后面还有桌子可以饮食。我们两个经常坐在后面，一边看电影，一边一起吃便当。豆伯看我们这样，还借手电筒给我们，好让我们安心吃饭。以前豆伯还没借手电筒给我们的时候，我们都要趁电影出现大太阳的场景，四周变亮时赶紧看一眼便当菜。

我们第一次来这里是前年黄金周的时候，当时夜须町的“Ya Sea Park”告示板正在宣传美空云雀的电影。我先生说：“既然我们现在有空，那就去看电影好了。”于是便走进了大心剧场。我先生从小受到奶奶的影响，是美空云雀的影迷与歌迷；而我当时从来没看过老电影，那部电影开启了我的眼界。美空云雀真的很会演戏，市川雷藏也好帅！在大心剧场看时代剧的感觉非常特别，再加上老电影的剧情都很简单，很容易让人入戏。演员的光环实在是太迷人了。大心剧场也会放映最近的电影，豆伯一个人包办放映与检票，听他说一些今天放映的趣事或小常识，也是来这里看电影的乐趣之一。

我今天带的便当菜全都是别人送的。烟熏山猪肉是朋友给的，今天早上又稍微烤了一下；我先生在大学任职，他的学生送了茗荷给我们，我拿来做成茗荷饭；以醋味噌拌过的红葱头，则是买西红柿时送的。我们才两个人，其实吃不了太多。每次拿食材去送人，就会收到更多回礼。高知县的食材质量很好，即使没有复杂的烹调或调味也非常好吃。这里真的是好山、好水、好环境。此外，我还将先生昨天钓的白腹鲭晾了一夜，今天早上先拿出来烤，再放进冰箱冷藏，明天就可以带便当了。我几乎每天都带便当上班，今天刻意将便当装在内原野烧的陶碗里。这个碗是我自己做的哦！

偷偷告诉你，其实我有一个小小的梦想……我希望能一边看电影，一边喝着红酒、吃着面包与奶酪。“后免–奈半利线”离这里最近的安田车站有租借脚踏车的服务，这条线有一班车会在十二点五十分抵达安田车站，从车站骑脚踏车，差不多十分钟就能抵达大心剧场，刚好可以赶上下午一点上映的电影。不过，平时来租脚踏车的人似乎不多，租借手续好像也很复杂，但我之前就一直很想要试试看，便将车子停在车站，就直接去租脚踏车，手续果真很花时间。豆伯还说我们可以在他家住一晚，这样就不用赶车了。无论如何，希望有一天这个梦想真的能实现。

29
uichi Hirakawa

29

平川秀一

又一之盐

制盐师傅

福冈县糸岛市

每天一到傍晚，就能透过窗户洒进的阳光，看到细微的盐粒飞舞在空中的模样。那个场景真的好美。我一边捞起浮在锅里的盐巴结晶，一边欣赏美丽的景致。或许是因为每天都待在这样的环境中，我从来没感冒过，皮肤也相当光滑。

开始制盐的时候，我跑遍日本，寻访各地的大海。我在福冈市出生长大，二十岁成为一位专业厨师。当时发现只要盐好吃，就能大幅提升料理美味，从此便兴起想要亲自制盐的念头，前往九州岛各地与冲绳视察。虽然到处都有美丽的大海，但含有丰富养分的海水相当少。一次偶然的机会下，我来到糸岛半岛，发现大海里的海藻含量相当高，是最适合制盐的环境，真的很惊喜。

这间工房是我自己盖的，采用古老的传统制盐法，架起竹枝、淋上海水，让水滴滴答答地滴落。在海风与阳光的吹拂照射下，滴落的海水会经过无数循环，十天后，海水就会变成焦糖色，接着再倒入大锅子里煮。这个制盐方法完全是靠天吃饭。我的制盐历程至今已迈入第十年了，最近开始尝试各种挑战。我在距离这里两座山头远的地方有一片田，每天都会到那里种稻子，而且完全不使用农药。今天便当里的米饭就是那片田种出来的。收割前，还特地让山猪在田里奔跑，稻穗就会像麦田圈一样东倒西歪的。以初次挑战来说，成果还算不错。腌梅干只使用盐和紫苏，作法相当简单。此外，我还做了味噌、酱油，也会配合季节推出酸橘醋与柚子胡椒等手作商品。

便当是妈妈做的。我一个人住在工房附近，爸爸每天都会拿便当过来，顺便搬一些商品，与我一起享用午餐。妈妈从我小时候就不太注重早餐，但她会很用心地制作午餐。我们家有四个男孩，我排行老大，念高中后要自己带便当，所以我是家里第一个带便当的小孩。当时让我惊讶的是，第一次带的便当菜竟然是炸虾！妈妈总说，炸东西会让地板油油的，所以我们家就连晚餐也没吃过炸虾；没想到妈妈竟然做炸虾让我带便当。看到便当盒里有两只炸虾时，我打从心底感谢我的母亲，那份感动真的很深刻。

每天的便当里几乎都会有香肠，今天也照例放了一根。妈妈老是说："这是你爸爸最爱吃的菜，当然要放啰！"爸爸总是喜欢将厚煎蛋卷或香肠留到最后再吃，吃完之后才会感到心满意足。接着拿出面纸一直擦嘴，开心地说道："哇，真好吃！谢谢老伴。"得到爸爸的言传身教，我现在也会很自然地说出"真好吃"。

偷偷告诉你，其实我曾经在加拿大温哥华的日本料理餐厅打过工。当时看到征人启事去面试时，老板第一句话就问我："你妈妈会做菜吗？"我说："我妈妈做的菜很好吃。"就这样被录取了。老板还说我的脸长得就像日本料理师傅，这也是他录取我的原因。

虽然我是在加拿大学会做菜，但口味这件事确实是会代代相传的。妈妈的味道成就了我，让我成为一位顶天立地的男人。顺带一提，"又一之盐"的"又一"是我爸爸的名字。

30

Yoshimi Suzuki

30

铃木佳美

函馆市企业局交通部

路面电车司机

北海道函馆市

高中时，同学都叫我“水果女王”，因为我每天带的便当里都有许多水果。小时候每次一吃完晚餐，妈妈一定会将水果刀与苹果放在我跟弟弟眼前。在我们家，小孩子要负责削皮，听说外婆小时候也是这样训练妈妈的。我的弟妹是山形县人，每一季我都会收到各种不同的水果。妈妈只要一收到弟妹寄来的水果，就会打电话给我，要我回去拿。其实，我今天带的金平牛蒡和味噌炒西红柿也是娘家给的。娘家离我家只有十分钟车程，今年夏天，妈妈每个礼拜都会打电话问我：“我做了普罗旺斯杂烩，你要不要来拿？”所以下班后我都会绕到娘家去拿菜。

我先生也是一位驾驶员。带便当的日子我会做两个便当，如果上早班，前一天晚上就会做好便当菜，到了第二天早上再装饭。由于我们的工作是排班制，今天上的班是早上六点四十四分到下午三点零三分，所以我昨天晚上就准备好便当，甚至连梨子皮都削好了。今天上班检查完车子状况后，就在开车前吃一点香蕉与饼干当早餐。

我从事这份工作已经七年了，刚开始当驾驶员时，身体每天都很紧张僵硬，完全没有食欲，就连妈妈做的爱心便当也吃不下，只能勉强吃几口水果。前三个月时，我会跟我的“师傅”，也就是公司里的资深驾驶搭档一起开车。过了培训期、独自上路之后，才真正面临考验。

第一个考验就是落叶，开车时最怕的就是落叶。叶子的油会附着在轨道上，很容易打滑。若叶子被碾碎后还下起了小雨，电车就很难往前开。另一个考验就是下雪。积雪太深会导致其他汽车卡在轨道上，此时，我必须下车帮忙将汽车推离轨道，赶紧解决问题，否则交通就会阻塞。

与我同期进公司的同事共有九名，每个人都能按照时间出车、回车；只有我一直误点，我得想办法克服这个问题。想要同时兼顾亲切的待客态度与准时驾驶，真的非常困难。有时候知道乘客要去五棱郭，我就会想在乘客下车时告诉他们之后要怎么走，但这样就会耽误后面要下车的人，或是担心交通信号灯变红，就要多等一次红绿灯。左思右想之下，反而就不敢指路了。真希望时间能充裕一点。

我今天跟先生在五棱郭附近擦身而过，每次回家，他都会跟我说我今天开车出现的问题，例如煞车时间太慢之类的。我跟另一位同期进公司的女同事，是公司在战后首批聘用的女驾驶员，在全是男性的工作环境里，女性应该多少会受到特别待遇才是。所以虽然我先生比我更早进公司，算是我的前辈，但是被他这么一指正，我还是觉得一肚子火。话说回来，也多亏他的直言，才让我发现自己应该改进的地方。

有了小孩之后，父母通常都会希望孩子能看到自己工作的情形，没有任何工作比当驾驶员更容易了解的了。唯有我妈妈跟别人不一样，她一直不想坐我驾驶的车，我猜她可能不敢看自己女儿开车的模样吧！只有一次我爸妈、弟妹和朋友一起去参加活动时，刚好我开的电车进站，他们其实并没有特地要坐我开的车，只是碰巧遇到就搭上了。我开车进站时，看到他们在站牌等，自己也吓了一大跳。我妈妈就只坐过那么一次，可能是那次我开得太差，让她一路冒冷汗，所以从此之后都不敢搭我开的车吧。

31

Nobuhiro Kakei

31

筧 伸浩

银河之森天文台

星空导览员

北海道足寄郡陆别町

我们家开日式甜点店，我是独生子。小时候到了年底，每天一大清早，楼下就会传来“砰吱砰吱”的机器声把我吵醒。我们一家人住在工厂二楼，我房间的正下方就是年糕机，打开窗户，就会闻到一股日式馒头刚蒸好的甜香气息直冲上来。可能是因为闻太多日式甜点的香味，也可能是吃了太多草饼的关系，比起红豆馅，我现在更喜欢吃奶油馅与西式点心。

原本我打算继承家业，所以在大学时念了经管系，但加入天文社之后，从此完全改变了我的一生。我很喜欢看孩子们拿着望远镜看星星，然后开心大叫“哇，好酷哦！”的表情。无论是大人或小孩，当他们看到木星的条纹图案与银河时手舞足蹈的模样，真的令我永生难忘。现今的天文世界已进入数字化时代，由计算机操控望远镜，解析星星的位置与数据，人们无须再仰望天空，只要动一动手指，就能利用计算机完成所有工作。与伽利略的年代相较之下，真的是翻天覆地的变化。

与其一整天盯着计算机做天体观测，我更想与民众当面接触，让他们了解星星的魅力。自己真的很幸运，能在天文台工作。有时候，我还要拿着组装式天象仪，到学校传授天文知识。我希望孩子们能够了解，眼前狭小的世界并不是一切，外头还有更宽广的天地在等着他们。我在观测星星时，经常一个劲地思考“为什么我会生存在地球上”这个问题。在东京生活是很难看见星星的，不过，当我体会了宇宙之大，就不禁觉得自身的烦恼根本就是芝麻蒜皮的小事，不值得忧虑。正因如此，也让我更想随心所欲地生活。从此之后，就像是受到命运的牵引般，我来到北海道的陆别町任职。虽然身边亲友都说“那里是鸟不生蛋的地方”，但每天从家中往返天文台的路上，我都会遇到鹿、兔子、狐狸、貉与松鼠等各种动物。我还很喜欢摄影，这里的物种相当丰富，非常适合我。

回归正题，今天要聊的是便当。不瞒你说，我在家看到今天的便当里，除了星星之外，还有爱心造型的配菜，觉得很不好意思，所以就请太太将爱心拿起来了。我想起我们刚结婚的时候，这里的工作时间是傍晚到晚上，所以我都是晚餐吃便当。一般来说，晚餐是三餐之中最重要的，但每天晚上都吃便当，想起来就觉得很凄凉。所以太太都会帮我准备三到四个有盖子，而且可以微波的保鲜盒。在公司微波加热后摆上桌，看起来就像是在家里吃饭一样。

小时候，我的父母整天都忙着开店，晚餐大多是一家人下馆子。我最大的愿望就是在家里吃妈妈煮的菜，只要妈妈晚餐煮咖喱，吃完饭后我一定会第一个冲去洗碗。

我现在很喜欢在家里跟太太一起吃饭，而且我很会洗碗。不过，每次当我要抢着洗碗时，太太都会阻止我。老实说，我现在也懒得洗了，她不让我进厨房正好如我所愿。

32

Yukiko Ito

32

伊藤亨子

田老诊所

护士

岩手县宫古市田老

我有两个女儿，大女儿念小学二年级，小女儿才一岁，大女儿很喜欢吃纳豆。我小时候从来没想过要在便当里放那种黏黏的食物，不知道为什么，女儿却说想带纳豆卷。就连远足带的便当也是纳豆卷。我今天带的便当菜全都是大女儿最喜欢吃的食物，像炸鸡块与金平红萝卜就是她的最爱。金平红萝卜是婆婆教我的，以金平牛蒡的做法炒红萝卜，吃起来甜甜的，很美味。

我应该是从夏天……还是更早之前开始带便当的……我真是健忘呢！话说回来，原本的诊所被地震震倒了，暂时移到“GREENPIA SANRIKU MIYAKO”里，那段时间的午餐，就是吃各界送来的救援物资，还有一些善心人士会煮给我们。除了这里之外，部分灾民也在体育馆避难，大家都会一起吃饭。那时候都吃些什么呢？我记得是在饭上放一些配菜之类的。

发生东日本大地震的那一天，是我在田老诊所工作的第八天，原定四月正式上班，但由于人手不足，三月份就先过来支持。由于我对院内与当地环境都不熟悉，一进来就在院内接受紧急避难训练。如今回想起来，时间点真的是太巧了，还好我接受了训练，三月十一日那天才能派上用场。当其他工作人员将住院病患带往避难场所时，我留在诊所将急救用品收进推车里。每次一发生地震，田老地区的民众就会往高处跑，所以我们一定要推着急救推车到外面救援。本来有些初中生跑到校园避难，但看到海啸的村民一直大喊“快往山上逃”，于是所有人便开始往高处的墓园跑去，我们也跟着往上逃。我还记得我放下沉重的推车，背着一个跑不动的老奶奶到山上去，多亏当时有个男子拉了我一把。在往高处逃的途中，我忍不住往下看，看到海啸卷起了房子与车子，将它们纷纷冲进中学校园里。

然而，最令我感动的是，住在高地没有受灾的住户们，在海啸来袭时，便主动挺身而出，煮饭给灾民吃。因此，发生大地震的当晚，我们都吃到了热腾腾的饭团。他们说他们早已做好准备，即使没有瓦斯、没有电，也能煮饭给我们吃。我和同事还曾共吃一个盐味饭团。其他人或许是顾虑到我们还要工作，需要储备体力，所以给我们吃的分量比别人多。当天晚上，我挤在两名病患之间睡觉，虽然晚上很冷，但这是我第一次发现，原来人的体温是如此的温暖。

我家在津轻石，海啸淹到了一楼的冷气底下，幸好家人都安全无虞。我的婆婆很会做酱菜，但自从大地震发生之后，她已经很久没做了。直到前一阵子才又重出江湖，做了放入白萝卜、红萝卜与莲藕的什锦福神渍。婆婆做的酱菜真的很美味。朋友老是说：“看你吃东西一脸幸福的样子，感觉真的好好吃哦！”虽然我喜欢做菜，但我更喜欢吃。不过，我没办法一个人孤零零地上馆子吃饭，我很喜欢跟朋友或家人一起吃饭，共同分享美味的感觉。

33

Masaru Takahashi

33

高桥 优

高桥理容院常运寺前店

理容师

岩手县宫古市田老

我每天都带两颗饭团来上班，没有客人时就坐在角落的老位子吃。根据我的观察，像我们这种有专业技能的师傅，每个人吃饭速度都很快，两三下就吃光了。而且我喜欢配着热水一起吃，这样才不会噎到。我最喜欢白开水了。如果是泡茶，喝个一两杯就没有味道了，还要再放新茶叶重新泡，实在太麻烦了。

我的店面与私宅都被海啸冲走了，距离这里十分钟路程的“GREENPIA SANRIKU MIYAKO”盖了临时住宅，我现在就住在那里。我的老婆也是理容师，她在临时住宅旁开了一家美发店。之前有一段时间，她会做便当给我吃，但是做便当比较麻烦，不仅要想菜色，还要一大早就爬起来。我不想给老婆增加负担，所以主动跟她说带饭团就好。早上起床后完全无须思考，只要用手捏一捏就行了。结婚后我们一直在家工作，所以自从地震发生，我才开始每天带饭团上班。

三月十一日发生地震时，店里刚好有客人在，当时我已经做完工作，正要从椅子上站起来。我连忙叫客人逃难，带着老婆到高处的寺庙里躲起来。我是村子里的义务消防员，地震后赶紧去关上水门，再开着消防车到小学巡视。老实说，我开车时根本没有看到海啸，只看到旁边掀起一阵灰尘，本来还以为发生火灾，没想到房屋残骸随着水冲了过来。我拼命叫孩子们往更高的地方逃，甚至还有村民连人带车被冲到校门口，我立刻跑过去将人救出来。

几天后，不断有人拿各种物品给我，问我：“这是不是你的？”我问对方是在哪里找到的，对方回答我之后，我马上赶到现场，只看见一整片由瓦砾堆起的小山。再走近一看，发现不得了了，那不是我家吗？我家本来是两层楼，共有五个房间，其中有两个房间直接被海啸冲走，剩下的残骸就这么伫立在瓦砾堆上。我探头一看，前一天晚上喝的啤酒与配酒的花生，还放在暖炉桌上，就连柜子也在。可惜我现在没地方放这些家具，只好全部丢弃。

这一带应该盖了一千间左右的房子吧。六月时，我跟老婆讨论回来开店的事，当时余震还很频繁，所以她相当反对。或许很多人也跟她一样，认为回到什么都没有的地方开店，是一个相当愚蠢的决定。不过，我认为这个地方的地理位置非常好，背后就是山丘，可以立刻逃难，再加上我做了二十多年的义务消防员，若是真的发生意外，我一定会竭力保护顾客与自己的性命。好不容易才说服了老婆后，我们在八月盖了组合屋。虽然老婆目前开店的地点也在田老，但我就是想待在自己生长的土地，呼吸这里的空气。之前曾听说，幸运躲过此次灾难的高地居民们，都特地跑到宫古市区来剪头发，就是为了他们，我才想回来这里开店。

在你们来采访之前，今天有三个同学到我这里聊天。我这里算是聚会地点，只要到店里来，绝对能遇见熟人。其实，我从年轻时就一直在想，到了六十岁我就要收掉理发店，去做其他的事。我的父母也是理容师，会做这份工作多少也是受到他们影响，没想到后来还是回到这一行。在大地震里顿失一切之后，我才体会到，拥有一技之长其实也不错。我非常感谢我的父母，如果不是他们，我绝对不可能当理容师。

田老之旅

站在防波堤上，望着一片荒芜的街道。路上没有行人、没有房子，也没有店铺。我无法想象海啸冲走了多少间房子？这里之前到底住了多少人？地面上随处可见房子的地基，往远处看，看到了一间中学，有一些男学生在校园里踢足球。正当我心想“这间学校的景色未免也太好了吧”，才发现学校的校门不见了，也没有看到围墙。

我们来到岩手县宫古市的田老地区采访，是在大地震与海啸发生十个月后的事了。实际看到灾区状况后，让人不禁怀疑在这里采访当地居民带的便当，会不会太不礼貌了？真的很想当场喊停，这个念头一直在我心里回荡不去。每次采访都会聊到其他话题，像是对家人的怀念，或是自己的儿时回忆。受灾户都经历了痛苦悲伤的过程，问这些问题会不会伤害到他们？我真的好担心。

尽管如此，我依旧认为在如此严峻的环境下，还是有人一边吃着便当，一边努力地活下去。灾民无法随心所欲地想吃什么就吃什么。若能恢复每天带便当的生活，对他们来说是意义重大。为了鼓励自己坚持下去，我理所当然地如此想着。

在二〇一一年岁末年终时，阿了终于忍不住跟我说：“我决定去东北看一看。”便只身前往三陆海岸。如果是平时寻找受访者，他会随意地翻开地图或旅游指南，打电话给公司企业，问问单位里有没有人带便当。

但这一次，他决定直接开车到当地，亲自拜托带便当的人接受访问。由于是亲自到当地跑一趟，他认识了各行各业的新朋友，包括宫古市内的鱼店老板、服饰店老板、消防员以及渔夫等等。听说他走访了许多地方，主动寻找带便当的人。这次采访的田老诊所护士伊藤亨子小姐，以及重新开理发店的高桥优先生，就是其中几位这样认识的新朋友。

来年，二〇一二年一月十二日，我们带着采访器材来到了田老。我希望能让女儿看到灾区现在的景象，所以帮她向学校

请假，一家三口一起出动。

我们投宿的饭店“GREENPIA SANRIKU MIYAKO”算是田老地区的地标。大地震之后，饭店捐出部分区域当成避难所，灾民们暂时住在这里及当地体育馆。等情况稳定下来之后，还在综合活动中心等地盖了四百多户临时住宅，更在住宅区附近兴建了三栋两层楼的临时商店“田老屋舍”，开设餐厅与日用杂货店等。

这次的受访者高桥优先生，就住在此处的临时住宅里。高桥太太独立经营的美发店，则位于田老屋舍里。我们也到高桥太太的店里拜访，她问我：“你们真的要拍那么普通的饭团吗？”我可以理解她的心情，她其实很想做丰盛的便当，却受限于现实状况，只能做“两颗饭团”给老公当午餐吃，这种感觉真的很痛心。她说：“就算是吃饭团，我也希望他吃的是我现做的热腾腾的饭团。”直到现在，我仍对这句话难以忘怀。

另一位采访对象伊藤亨子小姐服务的田老诊所就位于饭店里。原本的诊所被海啸冲毁，在“无国界医生组织”的协助下，将饭店宴会厅改建成临时诊所。

这次的采访工作，承蒙护理长山本女士的牵线才得以顺利完成。她说：“我们诊所的黑田医生经常上电视，他已经很有名了，我推荐另一个年轻护士，她平时工作很认真哦。”于是便介绍了厨艺一流的伊藤小姐。伊藤小姐工作相当忙碌，没想到竟然连我们的便当也准备了，我们真的觉得很惊讶，也很感动。

伊藤小姐的说话态度相当从容，吃饭时也细嚼慢咽，仔细品尝料理的味道，反观坐在她旁边的黑田医生则是狼吞虎咽，一口接一口地将饭塞进嘴里。由于黑田医生带了满满两杯米煮成的饭，护士们都笑说：“医生吃的饭全都跑到脑袋里了，所以才这么瘦，我们若是学他这种吃法，那还得了！”

在拍摄便当的过程中，我们参与了无数人的午餐时间，感受过无数其乐融融、

轻松自在的氛围。不过，在田老诊所的休息室看到诊所同事们热络地说笑，我发现他们彼此信任，建立起深刻羁绊，这是过去从来没有的体验。正因为大家一起携手走过了最艰难的状况，才能拥有如此坚定的情谊。

此次的采访之旅，还有一个令我难忘的回忆。我带着女儿到饭店的大浴场洗澡时，看到两位年龄相去甚远的女性带着三名小学男生进去。年纪最长的女士看起来不像是小男孩的奶奶，从她们的言谈之中，我发现她们是从临时住宅一起过来洗澡的朋友。我背对着她们泡在浴场里，听着她们聊起临时住宅因为天气太冷而停水，家里一直发出怪声音而导致一整晚没睡等琐事，气氛相当祥和。

就在我差不多洗完、准备要起身时，正好与那位年纪最长的女士四目相对，她问我是从哪里来的。以往外出拍照旅行，在澡堂或大浴场跟当地人聊天时，话题多半是“你从哪里来”或是“你要去哪里”。没想到这位I女士是认真地想要与我聊天，不仅将身体转向我，眼睛也直勾勾地看着我。

我们的话题直接跳到海啸来袭的那一天，我深有感触地说：“书籍可以再版，但生命却无法重来。这次来这里采访，让我深刻感受到这一点。”I女士和她的朋友O太太的家都被海啸冲走，所有的东西都没了，灾民们回家去拿东西时，才发现房子已经被冲毁。我们刚到这里，站在防波堤上看到的初中生，所有人都安然无恙，遗憾的是，有一名小学生被无情的海啸给卷走了。为了避免泡过头，我们坐在浴场旁边，将双脚放进热水里聊天。越聊我越觉得过意不去，她们到饭店大浴场洗澡是想要好好放松一下，我却让她们想起大地震的灾难与痛苦回忆……

O太太的儿子T君在一旁用手按住热水出口，一下子进来泡澡，一下子又跑出去玩，一个人玩得不亦乐乎。他既没打断

大人说话，也没有吵着要回去。

我的女儿洗完身体后就出去穿衣服了，在外面等了很久。后来她探头查看浴场里的情形，发现我们聊得正起劲，便默默地在更衣室里等着。我们起身后，继续在更衣室聊天，她也不发一语地在一旁聆听。

此时，I女士突然话锋一转，对着我女儿说："小妹妹，你是从东京来的吧？东京的孩子们一直为我们加油打气，让我们又有勇气继续努力。谢谢你。"我女儿没想到I女士会向她道谢，不禁感到受宠若惊，羞赧地笑了笑。

"住进临时住宅之后，才发现很多人年纪轻轻就过世了。我们好不容易才活下来，所以更要珍惜每一天。"此时此刻，我好想紧紧地拥抱I女士，但碍于日本人不习惯与别人拥抱，我没有这么做。不过，我的心情真的非常激动，我请她们在浴场等我，立刻跑回房间拿之前出版的《便当时间》送给I女士。虽然后来我很担心会因为自己的一时冲动，造成对方的负担，但那一刻，我是真心地很想为她们做些什么。

第二天，饭店柜台说有人留东西给我。仔细一看，那是I女士送的礼物，是宫古民友社发行的《东日本大地震》摄影集，翔实记录着包括田老在内，宫古市的受灾情形。这份礼物上还附了一封信，上面写着："希望你能收下这本记录海啸的书，作为这次宫古市之旅的纪念。这次天灾是令我们终生难忘，必须传承给后代子孙的宝贵经验。"每次踏上旅程，总能在当地认识新朋友。即使位处灾区，也有同样的收获。仔细想想，多亏了这些热情的人们，我们的便当采访之旅才能顺利完成。

纵然是在不便深聊的浴场，I女士依旧认为自己背负着向陌生人"传递想法"的使命，毫不避讳地表达真实的心声。从她那温柔的笑容里，我感受到人类所拥有的无限潜能。

大槌町 仮設商店街様
開店おめでとうございます
絆
板橋区志村銀座商店街

老
老
佐々木
夢
絆
佐々木
前川勇人
IWATE KENPOKU BUS
支援ありがとう

34
Sayoko Murata

34

村田佐代子

熊本县水俣市

造村计划成员

爱林馆

我住在一个月房租五千日元的独栋住宅里，因为实在太冷了，便在墙上贴满了瓦楞纸板。之前我朋友还说："你可以在家搭帐篷啊！"因为他自己就是搭帐篷，而且还睡在睡袋里。我身边有好多这样子的人，大家平时聚在一起，就是在炫耀自己有多穷。

每次回到位于八代市的老家，就觉得家里变得好进步，这让我感到非常惊讶。以前家里的电灯开关都是拉绳，现在却变成按压式开关。厨房的瓦斯炉换成了整套的电磁炉具，就连洗衣机也改用滚筒式。反观我自己，自从洗衣机坏掉之后，现在都用手洗了。今年冬天，我还因为买了一个热水袋而开心不已；一到夏天就挂上蚊帐。我的生活真是越活越"回去"了。

我在高中二年级的夏天，接触到"爱林馆"这个公益团体。当时，我参加由他们主办的林地杂草清除活动。老实说，第一次参加时我很害怕，原本只想待一晚就回家，没想到大家都很好相处，最后就待了三晚。每天晚上，大人们都会喝酒，演奏民族乐器。认识他们之后，我才发现这个世界上有这么多不同的生活形态。我原本就对环保议题很感兴趣，自从那次的经验之后，让我开始将注意力转向林业。在此之前，我一直想当护士，但后来进入农林大学就读，毕业后从事"木材生产业"，也就是采伐树木后加工成原木贩卖。虽说是在山里工作，但一整天都得坐在伐木机里，根本没机会下来走路，再加上我们采取的是"皆伐"形态，必须采伐整座山伐区内的林木。我是个靠山吃饭的人，却要如此伤害森林，不禁觉得难过，后来就辞掉那份工作了。

就在此时，爱林馆的馆长跟我说："住在山边的人都在保护山林。"我现在就住在山边，每天不是帮梯田盖石墙，就是务农，这就是住在山边的人保护山林的方法。住在久木野的居民都是去山里捡木柴、摘山菜，过着靠山维生的生活。

我猜，我妈妈应该直到现在都还没放弃让我去当护士的梦想，她无法理解我的生活方式。妈妈一毕业就当了护士，也很会做家事。虽然她也会用冷冻食品做便当，但她非常重视料理的配色，所以做出来的便当总是色香味俱全。

不过，外婆的个性就跟我一样粗枝大叶。以前妈妈每星期都要上一次夜班，这时就轮到外婆帮我准备便当，外婆做的便当菜每次都一模一样。底下铺着切得乱七八糟的卷心菜丝，再放上香肠。厚煎蛋卷的味道很不均匀，每一口都不一样，不是太咸就是太甜，不然就是会咬到蛋壳，在嘴里咔吱作响。不过，要做便当的那一天，外婆凌晨四点就得起床煮饭做菜，看她这么辛苦，我也不好意思抱怨。

自从在山里工作后，我就开始带便当了，但菜色十分简单，只有一道菜配饭而已。今天特别做得稍微丰盛一点，这道芝麻拌豆瓣菜是我最常做的料理。由于附近没有餐厅，所以这里的居民经常举办家庭聚会，每个人带一道菜来。每次我说"这个豆瓣菜是刚从梯田摘的，非常新鲜。"大家就会很开心，而且凉拌菜的制作方式很简单，所以没有人知道，其实我根本就不会做菜。

我跟爱林馆签下的三年契约就要到期了，在这里的工作也将近尾声。未来我应该还是会继续从事林业，虽然辛苦，但这是我希望持续在做的事。

35

Shinjiro Ito

35

伊藤慎次郎

家具工房 雉子舍

岐阜县高山市

早上起床后，我只要十五分钟就能做好便当出门。先将一杯米分量的冷冻白饭放进微波炉加热，再趁着这个时候开火热平底锅并煮水。将四到五根香肠放在平底锅的前半部煎，接着就去换衣服。听到锅子开始噼里啪啦地喷油后，接着在平底锅后半部打一颗蛋，洒上胡椒与盐后搅拌一下，就这么放着继续煎。换好衣服，蛋也煎好了。将蛋往锅子中间卷，再切成两半就大功告成了。这个便当盒是我爸爸三十多岁时跟妈妈一起买的情侣便当盒，筷子则是我自己用日本红豆杉削成的。

吃完便当后，我不想立刻收起来。最近这里开始下雪了，我喜欢用便当盒来铲雪。这是我来这里后遇到的第一个冬天，看来我得再早起一点才行。

我的便当菜有七成是香肠与厚煎蛋卷的组合，我每次都会买一公斤装的量贩包香肠。饭上的腌梅干则是受到妈妈的影响，因为妈妈做的便当一定会放腌梅干，所以我做的也会有。小时候我很讨厌腌梅干，但是自己做便当之后，不知怎的，也跟着放了腌梅干进去。我会特别挑选颜色较天然的腌梅干，虽然价格昂贵，但吃起来比较安心。

今天我还带了妈妈煮的炖菜，以及朋友送的熏鸭。前一阵子回到东京老家过年，前天才刚回岐阜。平时，妈妈都会从东京寄大米以及保存期限较长的食品给我，我的女友也住在东京，就连女友的妈妈也会寄送各种食物给我。

去年四月到达高山之后，我就开始带便当。由于我现在是靠积蓄生活，吃便利商店的食物实在太浪费钱了。之前我在东京的家居装潢公司工作，负责粉刷翻新外墙，后来公司倒闭，便趁机来这里学习做家具，这是我一直想做的事情。

我在这里上了半年的课，老师是一位退休的木工家具师傅。他告诉我，真正的木工是要从十多岁就开始学习，才能真正学会纯熟的技巧。我也认为自己的工艺比不上前辈们。以前曾经帮朋友做过柜子，朋友看了很开心，才让我想要成为一名家具师傅，但真正进入这一行后，才发现自己什么都不会。

高山市的环境非常适合制作家具，这是我想留在这里的原因之一。但事实上，我想留在这里生活。我刚刚提到的退休师傅，也就是我的老师，他已经七十五六岁了，长得却像理查·基尔那么帅，而且总是充满活力，每天都精神百倍的。当学校后山出现蝮蛇时，他是第一个挺身而出，拿着棒子将蛇击退的人。此外，他还会教我许多与木工完全无关的事，例如，从事手竿毛钩钓时的毛钩卷法、在山里遇到山猪时要如何逃生等等。

东日本大地震之后，相信很多人都想在生活中找回继续活下去的力量，发挥自己与生俱来的本能。我认为要做到这一点，就必须在自然环境中生活。工房没有任何遮蔽，每天风吹雨淋真的很冷，不过，我发现其实东京比这里更冷。这真的很不可思议。

36

Seiko Kurosawa

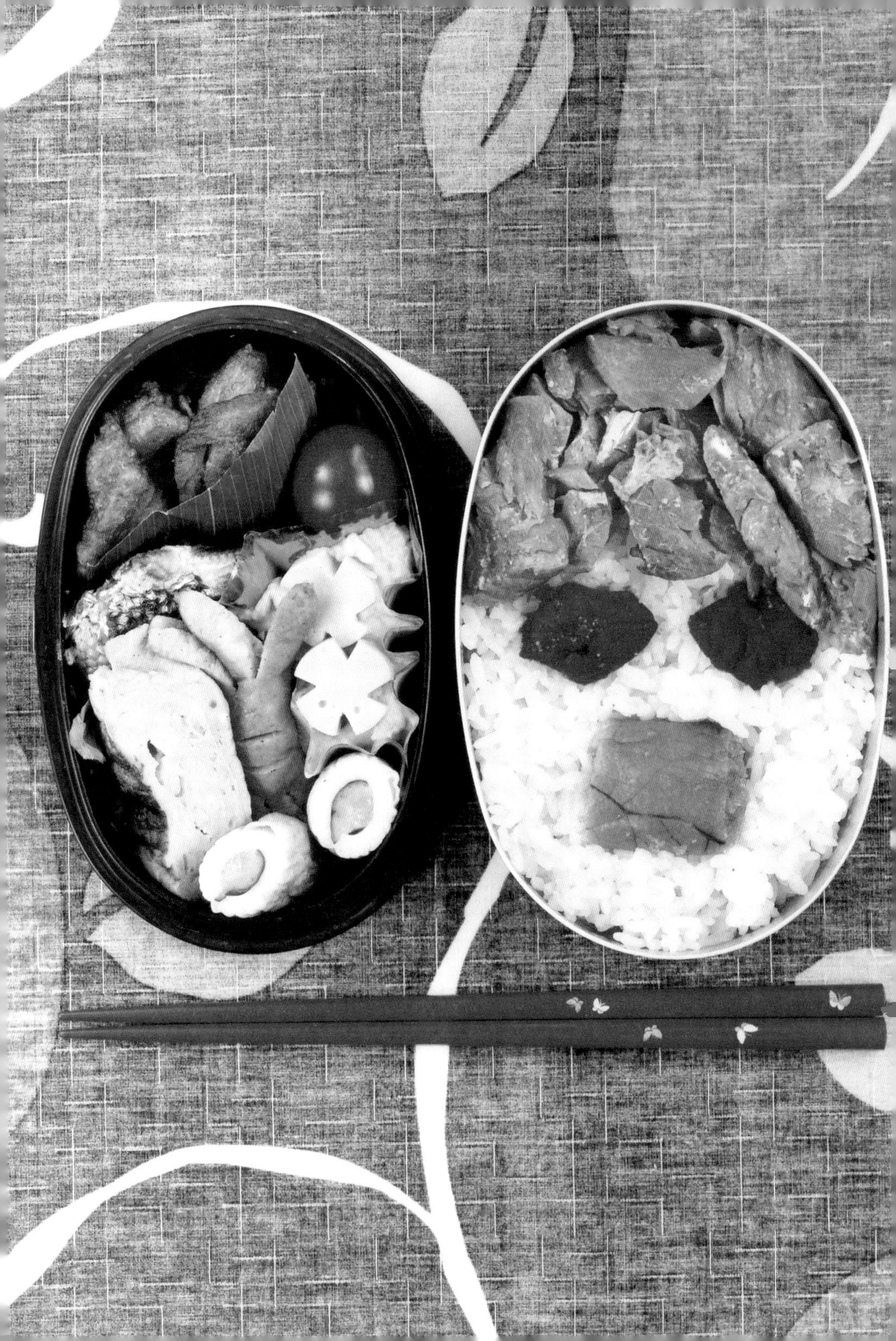

36

黑泽精子

横手市荣公民馆

公民馆馆长

秋田县横手市

小时候，我的便当里一定都会有腌渍的带筋膜鲑鱼子、咸鳕鱼子与牡丹子。牡丹子就是一般所说的咸鲑鱼，是我们这里的特殊名称。说到便当，小学、初中到高中带便当都很正常，但是到东京念短期大学、寄宿在亲戚家时，阿姨还会做便当给我吃，都长这么大，真的是吃腻了。还记得那时候我偷偷以五百日元的价格，将便当卖给同学，然后到学生餐厅吃拉面。

对我而言，料理就是奶奶的味道。奶奶经常做今天带的南瓜沙拉给我吃，腌梅干拌白饭也是奶奶的拿手料理。只要在白饭里放多一点腌梅干与砂糖搅拌均匀，到了午餐时间，米饭的硬度就会像寿司一样，不仅好吃，颜色也很漂亮。以前的人常说“吃腌梅干可以除厄运”，所以我每天早上都会吃腌梅干，一吃就是几十年。有时若没吃腌梅干就出门，还会特地跑回家吃。

我是奶奶带大的小孩，一直到初中三年级都跟奶奶一起睡。以前住老家时，奶奶会先在五六平方米大小的卧室地板铺一个放入稻秆的大布袋，先隔离地板后再铺上被垫。小时候，奶奶会将我的双手双脚夹在她的大腿或胸部之间，温暖我的四肢，我喜欢紧紧黏着她，听她说故事。当奶奶讲故事讲到想睡时，就会开始说：“于是蛇就在地上爬来爬去、爬来爬去……”草草结束故事。

我在三十七年前成为市政府员工，第一份工作就是到儿童机构说故事给孩子们听。当时，我竟然脱口说出早已遗忘的故事，连我自己都觉得不可思议。我最喜欢“放屁爷爷”的故事，于是模仿奶奶的语气说道：“哎呀呀，飘逸的锦缎……”后来，我也加入了民间故事社团，到处说故事给小朋友听，我从来没忘记小时候奶奶说过的故事。

说到这个，以前一到农闲期，家里的大人就会依序去温泉胜地泡温泉调养身体。曾祖父曾祖母先去两三个星期，接着是爷爷奶奶去两三个星期，最后才轮到爸爸妈妈去。由于同村的朋友都会相约前往，感觉就像是到温泉胜地共同生活一样。上小学之前，我的冬天都是在温泉疗养场度过的。只有我不用跟着大人来来回回，可以一直待在那里。正因如此，我总是在听大人闲话家常。有一次，还隔着拉门听到大人们这么说我：“那个小孩哭的时候，就像个大人一样小小声地啜泣，根本不像是小孩。小孩就应该要号啕大哭才对啊！”当时我真的很讶异。

我从小就怕生，但毕竟是在大人世界里听八卦长大的，所以个性上还算是喜欢凑热闹。我是在政府实施考试录取制度的那一年进入市公所，同一批的九名新人当中，只有我一位女性。当年建设课和公关课里全都是男性，我是第一个女性职员，不过我没有任何压力，工作得很开心。可能是因为我喜欢挑战新事物的关系，也可能是因为从小就听够了“哪家媳妇做了什么事”这类茶水间的八卦，长大后根本无暇理会这类琐事。公民馆现在正发起“环保运动”，我每天都要想很多点子推广环保概念，例如，教民众用报纸做环保袋等等，让我很有成就感。

37

Masanori Terao

37

寺尾正德

宫岛缆车工作人员

广岛县·宫岛

我从小就是所谓的“钥匙儿童”。我在广岛市己斐上町长大，爸妈每天都要到对面的山头务农，经常不在家。如果以直线距离来算，我家距离那座山应该只有一公里左右，每次放学回家饿到受不了时，我就会对着山头大叫“我好饿”然后妈妈就会回答“我马上回去”，并且赶回来做饭给我吃。

妈妈做的每道料理都很好吃，需要花时间炖煮的马铃薯与芋头，总是很快就煮好端上桌。我想她可能已经先稍微煮过，所以只要再加热一下就可以吃了。我最喜欢的菜就是炸得金黄酥脆的炸莲藕。妈妈会先将莲藕磨成泥，捏成鸡蛋大小的圆球后再炸，口感相当松软。只要便当里有这道菜，我就会吃得特别开心。我的同学们最喜欢吃妈妈做的厚煎蛋卷，因为我的菜总是带得比饭多，所以我都会说“你们想吃什么就自己拿吧”，不一会儿，厚煎蛋卷就消失无踪了。

不只是妈妈，我也认为老婆帮我做的便当，菜总是比饭多。我老婆结婚前从来没煮过饭，第一次请她煮炖菜时，没想到竟意外地好吃。我喜欢吃蔬菜胜过鱼类与肉类。以前在童军团杀鸡时，都是先割断鸡的动脉，再倒吊起来放血。受到这个经验的影响，我可以吃鸡胸肉，但不敢吃鸡翅这类带骨鸡肉。鱼也是一样，我敢吃烤鱼，但不常吃炖鱼。炖鱼的做法太复杂，煮起来非常麻烦。

我老婆也在工作，必须搭早上七点的渡轮上班，所以我一直觉得她早上起来做便当太累了，还跟她说工作太忙就不要做了。但她的个性就是刻苦耐劳，从来不喊累。有时候就连发烧、身体不舒服也不说，硬撑着去上班。

告诉你一件事，我曾经跟同一名女性相亲了两次。没错，就是我老婆。第一次是三十出头的时候，在亲戚的介绍下与她相亲，可惜被拒绝了。六年之后，她还是没结婚，于是又通过同一个亲戚牵线再次相亲。我心想这次一定要成功，于是在交往四个月后闪电结婚。

宫岛是我老婆出生成长的故乡。到这里任职之前，我一直在做维修与保养公交车的工作，已经做了二十七年。去年底，公司突然将我外派到“宫岛缆车”。事实上，公交车与缆车维修保养都属于广岛电铁集团旗下的业务，于是，我从四年前搬到宫岛住，也觉得在这里工作很不错，只有一件事一直无法适应。这里的缆车是垂吊式缆车，与在地面行走的公交车截然不同，而且我还要负责检票，协助游客上缆车。每天都有络绎不绝的游客来玩，让我忙得不可开交，这跟之前可以自己安排时间维修公交车的工作形态很不一样。

宫岛是个好地方，搬来这里住之后，最开心的就是家里的猫。我家养了一只黑猫，在太阳的照射下，毛色就会偏红，它每天都懒洋洋地待在家里。住在原来的家里时，由于马路上车来车往的很恐怖，所以它只敢在家门口张望。不过，现在即使下雪它也会出门去玩，还会抓老鼠与蛇回家。它还曾经跟附近的猫打架，屁股的毛被抓掉一撮呢！

听说你们以前拍便当时，有鹿冲进来闹啊？哈哈哈，还好不是猴子或狐狸跑来凑热闹，否则便当就不保了。

38
Chisato Katayama

38

片山知里

蓝布屋桃太郎牛仔裤

织布员

冈山县仓敷市

每次上班就像是一趟小旅行，我要从香川县高松市的家，过濑户大桥，前往冈山县的儿岛。带着便当，随着电车摇摇晃晃地到公司上班。一过海就告诉自己“要上班了”，进入工作模式；傍晚时分从另一头横渡濑户大桥，心里又有了“回家”的感觉。我最喜欢在电车里看书的独处时光。

今天的便当是由表姐、奶奶与妈妈做的菜所组成的。汉堡是请住在附近的表姐做的，炒青菜是奶奶做的，马铃薯沙拉则是妈妈做的。我们家阴盛阳衰，有奶奶、妈妈，还有姑姑，所以家里随时都有一堆菜可以吃。奶奶很会做手打乌冬面与烤饼，姑姑最擅长天妇罗等油炸料理，妈妈做的什锦炒菜和炸鸡块更是一绝。也因为有她们在，我从来没进过厨房，就连便当也是请她们帮忙做的。我们家的气氛非常温馨，而且我也很喜欢搭电车上班，所以现阶段还没想过要自己搬出去住。

四年前我二十六岁时，通过职业介绍所找到了现在这份工作。蓝布屋是一家牛仔裤公司，招募的员工却不是“缝制人员”，而是“织布员”。我很想去试试，便去找妈妈商量，没想到妈妈竟反对我做这份工作。她说：“你这个年纪要从零开始学习当织布师傅吗？太晚了！”妈妈说的没错，我之前的工作是在生活杂货店当店员，从小到大没碰过手工织布机，再说我对服装没兴趣，也不是喜欢自己动手做的人。尽管如此，实际去做之后，才发现我很适合这份工作。

嗒嗒、咚咚、沙沙、咚咚……织牛仔布时，机器会反复发出规律的声音。公司的牛仔裤专卖店内附设牛仔布织布工房，名为“鹤之工房”。一般牛仔布是用机器纺织经过靛蓝染加工的线，做成牛仔布料。我用手工纺织出来的牛仔布料，所有的线材都是染色师傅花了好几天，用“天然蓝”染成的。天然蓝牛仔布料呈现出鲜艳的蓝色，而手工纺织能让布料更加柔软。

唯一要注意的是织布员的情绪会影响布料质量。如果情绪焦躁，织布时就会很用力，导致线与线之间的间隙变窄、布料失去弹性，因此，我们一定要维持稳定的心情。此外，再怎么努力，一天也只能织七十到一百厘米，所以我们会一边听店里播放的音乐，以自己的步调织布。当小朋友跑来店里看我们时，我会告诉他们织布机的原理，并问他们有没有听过“白鹤报恩”的故事，还会开玩笑地说：“如果让你们看到我织布的样子，我就必须飞回天上去了。”除了店里的客人之外，有些路过的行人也会隔着工房的窗户看我们。甚至还有人整张脸贴在玻璃上，紧盯着我们织布的过程……与其说是白鹤报恩，感觉更像是在动物园呢。

由于我亲手织的蓝染牛仔裤售价不便宜，就算在路上看到有人穿桃太郎牛仔裤，也很难看到我的作品。老实说，连我自己都没买。不过，有一天我一定会买的。我有偷偷想过，假如哪天我离职了，公司会不会送一条我做的牛仔裤给我当纪念品啊？

39

Naotoshi Wada

39

和田直敏

根室相互驾训班

教练

北海道根室市

今天早上老婆跟我说："孩子爸，今天我帮你带便当。"仔细一看，老婆帮我带的便当，跟我自己做的好像一样耶！基本上，每天早上我都会自己做便当。因为老婆一大早就得出门打工，而我还算有时间可以做菜。

我只要有一条鱼就够了。我们这一代只要有一块鱼，就能配一碗饭吃。我在标茶町土生土长，标茶离钏路很近，可以买到各种渔获，太平洋鲱、远东多线鱼与鲽鱼等应有尽有。我还经常在河边钓到樱鳟，请妈妈煮成红烧鱼。

有鱼之后，只要再做一道菜就可以了。烫青菜是最简单的料理，不过，老是吃烫青菜会太单调，而且菜煮太久也会流失营养。所以我每天都要想不同菜色，偶尔也会改做培根炒花椰菜。

买菜也是我的工作，一发现家里冰箱空空如也时，我下班后就会顺路去超市采购。假如今天买了乌贼，回家后就拿给老婆，请她做成生鱼片。我们家的晚餐是老婆做的，如果要杀鱼，就会由我出马。

我好像一直在说鱼的事情。在当驾训班教练之前，我在水产公司工作，长期待在阿拉斯加与加拿大。我的工作就是在当地腌渍带筋膜的鲑鱼子，再出口至日本贩卖。阿拉斯加与加拿大人都不吃鱼卵，所以原料相当丰富。现在，许多水产公司都有从事这项业务，没什么稀奇的，但在当时，我们公司可是往海外发展的先驱。

在水产公司工作期间，五月份就得前往阿拉斯加，随着鲑鱼南下的路径来到加拿大，一直待到十二月中。我还得负责教导当地员工。刚开始，我睡在工厂的一角，但工厂实在太吵了，根本无法入睡。不久之后，我们几个同事一起租下一栋房子，才逐渐改善居住环境。现在想想，那真是个美好的体验。

后来，行业不景气、公司倒闭，就在此时，有人找我去东京工作。不过，我觉得我的孩子们都还小，在东京上学一定跟不上其他同学的进度，考虑了很久，最后决定到驾训班工作。

当初要是到东京工作，不晓得现在会怎样呢？我真的无法想象。身体只有一个，只能从事一份工作。话说回来，我能一直坚持当时的决定，就这么做到退休，真的很不简单。不瞒你说，再过一个月我就做满年资，可以退休了。现在回头想想，虽然我的授课内容都一样，但学生却各有不同。就像是在教高中三年级，每年都有形形色色的学生。不过，如果我的教法千篇一律，也是不行的。

刚开始被喊"老师"时，我真的很不习惯。还因为不知道对方是在叫谁，所以都不太敢响应。殊不知一做就是二十五年。我每天都带着学员在路上练习开车，欣赏没入海中的夕阳，虽然是再熟悉不过的景致，却百看不厌。

你问我家的小孩吗？我有三个小孩，他们现在全都在东京生活。

只今
撮影中
東映京都撮影所

土佐の一本釣り
花
GROUP

后 记

“今年夏天我们去五岛列岛吧！”就这么一句话，我们再度展开便当寻人之旅，可惜过程不是很顺利。我一如往常端正地坐在办公椅上，手中拿着话筒，脑中想象着全身黝黑、肌肉发达且身穿海滩裤的男子，大口吃着从家里带来的便当的模样。我鼓起勇气拨号，开口问道：“请问，你们的海水浴场有没有固定值班的救生员？”仔细说明了打这通电话的用意，以及我们想采访的对象，却换来对方意兴阑珊的响应。想想也是，谁会在海水域场吃便当？想来就觉得好笑，对方不当一回事也很正常。于是我又再说明了一次，这次对方回我：“我们都是一起吃乌冬面。”果然不出我所料，那里有海边餐厅，所有人都会在那里吃饭。我只好重头再找。

我们问了好几处位于福江岛内的海水浴场，最后还是没找到带便当的救生员。既然救生员这条路行不通，接下来，我决定去拜访教会的神父。五岛列岛有许多小岛，据说神父会坐船到各个岛上传教，我想，神父一定会带便当的。我还得意忘形地赞叹自己的冰雪聪明。没想到，打电话过去一问才知道，原来信徒会招待神父吃饭。这次我又猜错了。

看来，我们是与五岛列岛无缘了。失去干劲的我顿时垂头丧气，心想是不是该断然放弃，改去其他地方？就在此时，我突然想起以前曾经造访过高滨海岸，那片美丽的祖母绿海洋鲜活地浮现在脑海里。因此，我决定再努力一次。所幸皇天不负苦心人，多亏了五岛市政府职员的热心介绍，让我们认识了木口汽船的大田秀隆先生。趁着这股气势，接着又锁定了若松岛的移动图书馆。我仔细研究过移动图书馆的行程，发现服务时间是从早上到下午，我认为他们一定会带便当。这次我的直觉对了，担任图书馆员的汤川珠实小姐果然有带便当！

为了找到带便当的人，我们绕了不少远路才终于达成目标。每次的便当寻人之旅都是相当艰苦的任务，不过，这也是这趟旅程的魅力所在。当我们找到采访对象时，那种兴奋的心情真的是无可言喻。无论是十年前只凭着“想举办摄影展、出摄影集来发表作品”的想法，一股脑儿地往前冲，或是在全日空机上杂志《翼之王国》展开连载后，我们的做法从未改变。每次都要绞尽脑汁思考这次要去哪里、拜访什么人，即使被拒绝，也是一次相遇。回过头来才发现，这一路上我们已经认识了一百四十一位新朋友，创造了无可取代的珍贵回忆。

衷心感谢在本书中登场的三十九位受访者，以及这一路协助我们完成采访的一百零二名新朋友，真的很感谢你们，我们带着孩子采访，想必造成各位诸多不便，若有打扰，还请见谅。也感谢各位敞开心房，接受我们冒昧的采访要求。

此外，除了收录在《翼之王国》的二十八篇文章之外，本书还追加了十一篇专访。由于这些文章从采访到刊登皆经过一段时间，有些受访者如今已换了新工作或是结婚改了名字，不过，本书还是保留采访当时的信息。

我们曾经在八年前采访过一位O先生，采访完之后，他很开心地说："希望你们能早日发表作品，我非常期待那一天的到来。"过了一段时间后，好不容易在二〇一〇年于Canon Gallery举办了便当摄影展"日本恰恰恰"。当天，他的父亲、夫人以及年仅三岁的小孩都来到了银座会场，一问之下，才知道他已经离开人世，突如其来的噩耗令人不敢置信。无法让他亲眼看到摄影作品，我深感遗憾。希望他一路好走，在另一个世界过得更好。

未来，我们还会继续这趟便当寻人之旅。期待下一次的相见。

阿部直美

※本书内容截取于ANA全日空机上杂志《翼之王国》人气No.1随笔物语《おべんとうの時間（便当时间）》

图书在版编目(CIP)数据

便当时间：全2册 / (日) 阿部了摄；(日) 阿部直美文；王俞惠, 游韵馨译.
-- 桂林：广西师范大学出版社, 2016.11
ISBN 978-7-5495-8276-1
Ⅰ. ①便… Ⅱ. ①阿… ②阿… ③王… ④游… Ⅲ.
①饮食 - 文化 - 日本 Ⅳ. ①TS971

中国版本图书馆CIP数据核字(2016)第120005号

广西师范大学出版社出版发行

桂林市中华路22号　邮政编码：541001
网址：www.bbtpress.com

出 版 人：张艺兵

责任编辑：盖新亮

装帧设计：彭振威

内文制作：龚碧函

全国新华书店经销

发行热线：010-64284815

北京燕泰美术制版印刷有限责任公司

开本：1230mm × 880mm　1/32

印张：11.875　字数：160千字

2016年11月第1版　2016年11月第1次印刷

定价：88.00元